Anne Le Fur

Pratiques de la cartographie

Deuxième édition
mise à jour

ARMAND COLIN

Collection Synthèse, série « Géographie »
sous la direction de Jean-Louis Mathieu

J.-J. Bavoux et D. Bavoux, *Géographie humaine des littoraux*, 1998.
J.-J. Bavoux, R. Chapuis, S. Delmer, V. Mannome, S. Passegué et P. Volpoët, *Introduction à l'analyse spatiale*, 1998.
P. Béringuer, P. Dérioz et A.-É. Laques, *Les paysages français*, 1999.
P. Bloc-Duraffour, *Les villes dans le monde*, 1998.
P. Bloc-Duraffour, *L'industrie française*, 1999.
Y. Colombel, *L'agriculture dans le monde,* 1998.
Y. Colombel, *L'agriculture française,* 2000.
E. Gauthier et L. Touchart, *Fleuves et lacs,* 1999.
M. Goussot, *Les transports dans le monde,* 1998.
M. Goussot, *Les transports en France,* 1999.
S. Goussot, *Géographie des télécommunications,* 1998.
P. Lahousse et V. Piédanna, *L'outil statistique en géographie,* tome 1 : « Les distributeurs à une dimension » 1998 ; tome 2 : « L'analyse bivariée », 1999.
J.-L. Mathieu, *La population mondiale,* 1998.
D. Noin, *La France des régions,* 2000.
J.-P. Paulet, *La mondialisation,* 1998.
J.-P. Paulet, *Les régions à l'heure de la mondialisation,* 1998.
J.-P. Paulet, *Les villes françaises,* 1999.
P. Pech, *Géomorphologie dynamique,* 1998.
P. Pech, *Géomorphologie structurale*, 1999.
P. Pech, H. Régnauld, L. Simon et M. Tabeaud, *Lexique de géographie physique,* 1998.
C. Pradeau, *Lexique de géographie humaine,* 1998.
H. Régnauld, *Les littoraux,* 1998, 2e éd. 1999.
L. Simon, *Les paysages végétaux*, 1998.
M. Tabeaud, *La climatologie générale*, 1998.
M. Tabeaud et H. Régnauld, *Océanographie,* 1998.

DANGER
LE PHOTOCOPILLAGE TUE LE LIVRE

ISBN: 2-200-26688-X

SOMMAIRE

NOTE À L'USAGE DU LECTEUR

Les termes suivis d'un astérisque (*) font l'objet d'une définition dans le glossaire situé en fin d'ouvrage.

INTRODUCTION

La carte, outil privilégié de la connaissance géographique, appartient au monde de l'image; elle donne à voir l'information.

L'image cartographique se construit avec un langage spécifique, le langage graphique, fondé sur la perception visuelle.

La très large diffusion des outils informatiques, logiciels de dessin, de cartographie automatique, de traitement de données, et l'avènement des systèmes d'information géographique ont complètement transformé les pratiques de la cartographie.

Ces outils et les facilités qu'ils offrent pourraient laisser croire à une cartographie informatisée entièrement automatisée. Il n'en est rien, la carte demeure une création où les compétences, le savoir-faire et l'imagination de l'auteur sont à l'œuvre.

Qu'il s'agisse simplement de localiser un objet, ou de mettre en évidence des formes complexes d'organisation de l'espace la représentation cartographique se doit d'être une image claire, esthétique, immédiatement et globalement perceptible.

Le cartographe compose le document cartographique en appliquant des règles qui tiennent compte des capacités de l'œil à appréhender une image.

Ce livre se propose d'analyser les paramètres mis en œuvre dans la construction d'une carte, avec en permanence la recherche de l'efficacité graphique.

1. DÉFINITIONS DE LA CARTE

La carte est la représentation d'un espace. C'est la transcription dans une image de phénomènes localisés et des relations qui se développent entre ces phénomènes.

La carte est un des outils essentiels du géographe pour analyser, comprendre et communiquer l'information.

Géographie et cartographie sont intimement liées. De tout temps, le géographe inscrit son savoir sur des cartes et utilise les cartes comme source de connaissances.

L'étudiant en géographie fera de même. Il sera tour à tour utilisateur de cartes topographiques, thématiques, statistiques et créateur de ses propres cartes.

Le terme de cartographe n'apparaît qu'au XIXe siècle. Jusqu'au milieu du XVIe siècle, le « faiseur de cartes » est appelé cosmographe, puis géographe. Il est à la fois astronome, mathématicien et artiste.

I. PLUSIEURS DÉFINITIONS DE LA CARTE

1. R. Cuenin, Ingénieur géographe, auteur en 1972 d'un manuel de référence : *Cartographie Générale* (Éditions Eyrolles, Paris) :

« La carte est plus qu'une simple image visuelle ou photographique d'une région donnée, elle constitue le moyen le plus efficace pour enregistrer, calculer, révéler, analyser et comprendre les relations spatiales qui existent entre les différents phénomènes concrets ou abstraits dont la localisation est géographique ».

2. Celle de R. Brunet dans : Les Mots de la Géographie, dictionnaire critique (Reclus-La Documentation Française Paris 1993).

La carte est une « représentation de la terre ou d'une portion de l'espace terrestre, quel qu'en soit le support matériel […] Une carte est un *modèle réduit*, elle a donc une échelle […] Elle utilise des *signes conventionnels* qui sont décryptés dans la légende […] La sphéricité de la terre devant être traduite sur un espace plan, la carte utilise une *projection* particulière. L'espace représenté est donc toujours déformé : toute carte est une anamorphose […] Les cartes peuvent […] représenter des *phénomènes invisibles* et des associations de phénomènes, et même des structures et des dynamiques ;

elles sont devenues un instrument extrêmement puissant de la découverte géographique posant à elles seules d'amples problèmes d'explication des distributions, des disparités et des structures spatiales qu'elles révèlent … »

3. L'Association Cartographique Internationale* :

« La carte géographique est une image codifiée de la réalité géographique, représentant une sélection d'objets ou de caractéristiques, relevant de l'effort créateur de son auteur par les choix opérés et destinée à être utilisée lorsque les relations spatiales ont une pertinence essentielle. »

La carte demeure **l'image géographique** par excellence, aujourd'hui elle prend place dans le vaste champ de **l'information géographique**.* À côté des cartes imprimées sur papier, il existe des systèmes d'information géographique (SIG*) qui rassemblent au sein d'un outil unique des bases de données géographiquement localisées et la capacité d'analyser ces données, de les combiner et de les représenter sous forme de cartes. Ainsi se développe une interaction entre données géographiques et représentation cartographique dans laquelle l'expression graphique apparaît essentielle à la connaissance et à la gestion de l'espace.

II. QUELQUES MOTS-CLÉS À RETENIR

1. La transposition du globe au plan renvoie aux systèmes de représentations planes, les projections*, et à la localisation des objets géographiques dans le canevas des méridiens et des parallèles.

2. Le rapport de réduction entre l'espace réel et la représentation cartographique introduit la notion d'échelle*.

3. La cartographie simplifie : le passage du terrain à la carte s'effectue par des opérations complexes de sélection et de schématisation qui concernent le fond de carte et les données représentées.

4. La représentation est conventionnelle : la carte se construit en utilisant des figurés et des moyens graphiques spécifiques et codifiés répertoriés dans une légende* qui constitue la clé de lecture de la carte.

5. La carte est l'œuvre d'un auteur.

6. La carte appartient au monde de l'image. Elle se conçoit en référence aux règles de la perception visuelle.

2. L'ÉCHELLE DE LA CARTE

L'échelle est le **rapport de réduction** entre une longueur mesurée sur la carte et la mesure réelle effectuée sur le terrain. L'échelle s'exprime sous la forme d'une fraction dont le numérateur est une unité de longueur portée sur la carte et le dénominateur, la distance correspondante sur le terrain.

L'échelle du 1/100 000 signifie que 1 cm sur la carte représente 100 000 cm sur le terrain soit 1 km.

I. ÉCHELLE NUMÉRIQUE ET ÉCHELLE GRAPHIQUE

L'échelle est une caractéristique fondamentale de la carte. En principe elle doit toujours être mentionnée. On néglige parfois de la faire figurer dans certaines cartes statistiques, lorsque l'appréciation des distances n'a pas de signification dans les phénomènes représentés.

L'échelle est exprimée par une fraction – **échelle numérique** –, ou figurée sous la forme d'un dessin – **échelle graphique** –.

La fraction donnant l'échelle numérique peut s'écrire de deux façons :

1/100 000 ou 1:100 000 — Avec une barre ou deux points entre numérateur et dénominateur

Par convention le numérateur de la fraction est 1. La valeur du dénominateur est de préférence un chiffre rond, afin que les distances puissent être rapidement évaluées.

Le dessin figurant l'échelle graphique se compose d'une droite horizontale divisée en segments égaux. Chaque segment est délimité par un petit trait vertical que l'on appelle barbule. Les chiffres sont centrés à l'aplomb des barbules. Ce sont des chiffres ronds. Les distances présentées par l'échelle graphique doivent être significatives de l'espace cartographié.

Sur les cartes topographiques et sur toutes les cartes où le repérage des distances est essentiel, l'échelle graphique se prolonge, à gauche du zéro, par un segment gradué avec plus de précision, c'est le talon.

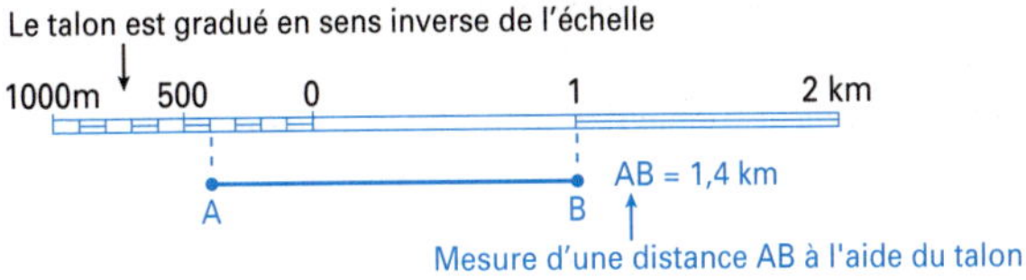

L'échelle graphique peut se compléter par le dessin d'une unité de surface. C'est une indication utile dans le cas de cadastres fonciers, de terroirs villageois, de parcellaires d'exploitations agricoles où l'évaluation des superficies est primordiale.

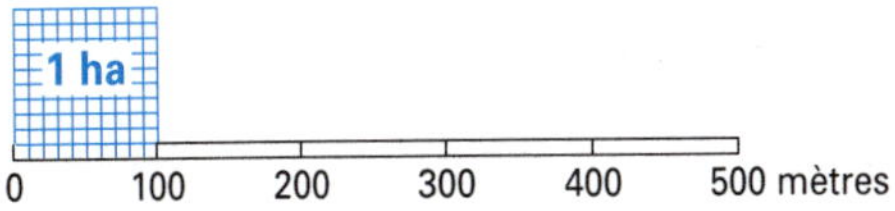

La visualisation des distances sur une carte se fait immédiatement, quand on se reporte à l'échelle graphique. L'évaluation des mêmes distances passe par le calcul, si l'on ne dispose que de l'échelle numérique.

L'échelle graphique est impérativement portée sur des documents qui ont à subir des réductions ou des agrandissements puisqu'elle enregistre les mêmes variations que l'ensemble de l'image. Elle est indispensable sur les documents cartographiques produits à l'ordinateur qui réduit et agrandit avec une grande facilité, notamment quand on recherche le bon format d'une représentation.

L'échelle numérique d'une carte devient fausse et doit être recalculée quand le document subit de telles modifications.

Il faut être très vigilant avec l'échelle numérique figurant sur un document qui ne semble pas être un original.

II. CLASSIFICATION DES ÉCHELLES

A. La gamme des échelles est très étendue

Une échelle est d'autant plus petite que son dénominateur est grand. Une carte à grande échelle représente une portion de terrain réduite, une carte à petite échelle, un vaste espace.

La classification des échelles demeure pragmatique, sans bornes très précises, variable selon les utilisateurs.

Les cartes sont à grande échelle entre 1/20 000 et 1/50 000. Les documents dressés à une échelle supérieure sont qualifiés de plans : par exemple les parcelles d'une exploitation agricole (1/500), le cadastre d'une commune (1/5 000) ou le dessin des rues d'une ville (1/10 000).

L'échelle est moyenne pour des valeurs allant de 1/50 000 à 1/500 000.

L'échelle est petite de 1/500 000 à 1/10 000 000. C'est le cas des cartes représentant des régions ou des États.

Les cartes à très petite échelle représentent des continents ou la terre entière (de 1/10 000 000 jusqu'à plus de1/100 000 000).

Les cartes topographiques se classent dans les grandes et moyennes échelles. Les cartes d'atlas* sont à petite voire à très petite échelle.

Les représentations de l'ensemble du monde sont évidemment à très petites échelles. Un **planisphère*** figure le monde sur une carte d'un seul tenant Une **mappemonde*** représente les 2 hémisphères de la terre sur 2 cercles accolés, tandis qu'**un globe terrestre*** représente la surface de la terre sur une sphère.

Les cartes IGN et les cartes Michelin offrent à l'utilisateur un choix d'échelles.

B. Cartes et bases de données géographiques de l'IGN*

L'Institut géographique national produit, entretient et diffuse l'information géographique de référence en France sous la forme de fonds cartographiques à différentes échelles et de bases de données numériques.

Cartes topographiques de base :
– au 1/25 000 (1 cm pour 250 m) la série bleue et les Top 25 couvrent l'ensemble du territoire (Métropole et DOM-TOM) avec près de 2000 cartes. Le terrain est représenté avec précision : le relief (points cotés, courbes de niveau, estompage), les voies de communication jusqu'au moindre sentier, l'espace bâti jusqu'à la construction isolée en campagne, le réseau hydrographique, la végétation permanente (bois, broussailles, vergers, vignes…). La toponymie est abondante et toutes les limites administratives figurent.
– au 1/50 000 (1 cm pour 500 m), la série orange couvre la France en 1 100 cartes.
– au 1/100 000 (1 cm pour 1 km) la série des Top 100 couvre la métropole en 74 cartes.

Cartes routières et administratives
– Les 91 cartes départementales sont au 1/125 000 (au 1/140 000 pour les grands départements).
– Les 18 cartes régionales sont au 1/250 000 (1/280 000 pour les grandes régions). Elles sont établies à partir des nouvelles bases de données numériques de l'IGN (voir ci-après).

L'IGN produit des cartes à plus petites échelles telles que :
– la carte de France OACI en 4 coupures, au 1/500 000, figurant des informations aéronautiques,
– la France sur une seule feuille, au 1/1 000 000, avec différentes thématiques,
– des cartes étrangères, notamment pour des pays européens et africains,
– des planisphères physiques et politiques de différents formats.

Le Référentiel à Grande Échelle (RGE) est un ensemble de données géographiques cohérentes et superposables, Il est composé de 4 bases de données :

– la composante image : BD ORTHO® constituée d'orthophotographies réalisées à partir de prises de vues aériennes couleur au 1/25 000,
– la composante topographique : BD TOPO® décrit le paysage avec une grande précision (60 classes d'objets y sont présentées, la plupart d'entre elles décrites en 3D). Cette base de données, la

plus riche et la plus précise de la gamme IGN, permet de choisir des échelles de représentation du 1/5 000 au 1/50 000 environ.

– la composante parcellaire : BD PARCELLAIRE ® est en cours de constitution (collaboration IGN et Direction Générale des Impôts). Elle présentera les parcelles cadastrales,

– la composante adresse : BD ADRESSE®, en cours d'élaboration, fournira le nom des voies et les adresses postales.

L'IGN réalise et commercialise d'autres bases de données sur la France : BDALTI®, GEOROUTE®, ROUTE 500®, ROUTE 120®, BD CARTO®, BD NYME® (➔ **dossier 15**).

C. Cartes et produits numériques Michelin

Les cartes Michelin, routières et touristiques, ont également leur place dans la documentation du géographe et du cartographe.
La nouvelle collection, diffusée depuis 2003, comprend 4 niveaux, *National*, *Régional*, *Local*, *Zoom* (qui se distinguent par la couleur de la couverture), ainsi que des plans des grandes agglomérations françaises et européennes

« **National** » (rouge) : 1/1 000 000 pour la France et différentes échelles pour l'Europe, l'Afrique..., Ce sont des cartes d'un pays ou d'un groupe de pays.
« **Régional** » (orange) : 1/200 000 pour la France, 1/300 000, 1/400 000, 1/500 000 pour les régions des pays de l'Union européenne et de l'Amérique du Nord.
« **Local** » (jaune) : 45 cartes au 1/150 000 ou 1/175 000 ; chaque carte couvrant 1, 2 ou 3 départements français.
« **Zoom** » (vert) : entre 1/50 000 et 1/100 000 : Côte d'azur, Région parisienne, Région lyonnaise.

Michelin, par l'intermédiaire de sa filiale Via Michelin, conçoit, développe et commercialise des produits numériques sur l'espace français et européen : navigation embarquée, calcul d'itinéraires... (➔ **dossier 15**).

III. BIEN CHOISIR LES ÉCHELLES

Il est important de se familiariser avec la notion d'échelle.

A. Il faut savoir comparer les distances

La circonférence de la terre est de 40 000 km. La distance entre deux méridiens à l'équateur est de 111 km. Le mille nautique (1 852 m) est la 60ᵉ partie d'un degré de latitude. 5 600 km séparent Londres de New-York, 8 200 km San Francisco de Tokyo. En France 950 km séparent Brest de Strasbourg ou Lille de Perpignan.

B. Il faut s'habituer à comparer les surfaces

Il est fréquent de rapporter les superficies des autres États aux 550 000 km² de la France : le Brésil couvre 15 fois la surface de la France, les États-Unis (sans l'Alaska) 14 fois.

C. Pour l'édition, la notion de format est primordiale

Au format A 4 la France est à l'échelle de 1/5 000 000 (1 cm pour 50 km). Les tableaux d'assemblage des atlas permettent de se familiariser avec les échelles utilisées pour les différentes planches. Un bon atlas présente l'ensemble du monde à des échelles constantes (pas plus de 3 ou 4 échelles différentes).

LES ÉTATS-UNIS ET LE BASSIN MÉDITERRANÉEN
Comparaisons des dimensions et des latitudes

FAIRE LE POINT

– L'échelle graphique est le moyen le plus utile et le plus sûr d'indiquer l'échelle d'une carte.
– Tout changement d'échelle nécessite une reprise de la transcription graphique. Il faut revoir l'allure des tracés, des figurés et des lettres et souvent reconsidérer la richesse de l'information transcrite (→ **dossier 4** : généralisation cartographique).

3. PROJECTIONS CARTOGRAPHIQUES

La terre est une sphère (un peu irrégulière), la carte un plan. Comment passer de l'une à l'autre, comment mettre à plat une surface courbe ?

On appelle **système de projection,** ou plus précisément **système de représentations planes**, les opérations qui permettent de passer de la forme du globe à la représentation plane d'une carte.

Une telle transposition ne peut se faire sans déformations. Il est important d'avoir un aperçu de l'ampleur des altérations pour choisir le type de projection le mieux adapté.

I. FORME ET DIMENSIONS DU GLOBE TERRESTRE

Le **géoïde** est la forme théorique qui se rapproche le plus de la surface réelle du globe terrestre. La géodésie est l'étude de la forme et des dimensions de la terre.

La géodésie générale vise à établir les caractéristiques géométriques du globe.

La géodésie régionale détermine avec une très grande précision la position de points fondamentaux, ou points géodésiques, définis en X, Y et Z, reliés entre eux dans un réseau de triangles (principe de la triangulation) qui constitue le canevas géodésique, charpente géométrique de la carte.

Ces opérations ont été facilitées et ont gagné en précision et en rapidité par le repérage à l'aide de satellites (*GPS* Global Positionning System*) mais les méthodes traditionnelles de géodésie terrestre (mesures astronomiques, géométriques et gravimétriques) restent utilisées conjointement à la géodésie spatiale.

À partir du géoïde, il est nécessaire de calculer une surface mathématique régulière que l'on appelle un **ellipsoïde de référence**.

De nombreux ellipsoïdes peuvent être ajustés à la surface de la terre : ellipsoïdes locaux pour les couvertures cartographiques nationales, ellipsoïdes globaux pour les systèmes mondiaux. Trois modèles

d'ellipsoïde sont en usage sur les cartes françaises : l'ellipsoïde de Clarke (1880) utilisé pour les cartes topographiques de l'IGN, celui de Hayford (1909) retenu comme ellipsoïde international et le IAG GRS 1980 sur lequel sont calculées les coordonnées brutes fournies par un GPS (dans le système géodésique mondial WGS 84). Les systèmes d'information géographique utilisent des tables de conversion de coordonnées qui permettent de passer d'un système géodésique à un autre.
Les points du canevas géodésique sont définis par calcul en **coordonnées géographiques** : longitude, latitude et altitude à partir du point fondamental de la projection où l'ellipsoïde est tangent au géoïde.
Un point à la surface de la terre est repéré par sa **longitude** (ouest ou est du méridien de Greenwich) et sa **latitude** (nord ou sud de l'équateur) exprimées en degrés ou en grades.
Un **système de projection** établit par le calcul une correspondance entre les points d'un ellipsoïde et ceux du plan de la carte. Cette opération engendre des déformations qui affectent les longueurs, les angles et les surfaces. On classe les systèmes de représentations planes selon la nature des altérations et selon les modes de construction (surfaces de projection, points de vue de la projection, position du point de tangence sur la sphère).

II. CLASSEMENT DES SYSTÈMES DE PROJECTION SELON LES ALTÉRATIONS

A. Les systèmes de projection conformes

Ils conservent les angles. Parallèles et méridiens se coupent à angle droit comme le font les arcs des méridiens et des parallèles sur la sphère.
L'altération des surfaces augmente au fur et à mesure que l'on s'éloigne du point de projection (point ou ligne de contact entre l'ellipsoïde et le plan).
Ex. : la projection de Mercator (1569).

B. Les systèmes de projection équivalents

Les surfaces sont conservées mais les angles – donc les formes des surfaces – sont de plus en plus altérés quand on s'éloigne du point de projection.
Ex. : la projection de Eckert IV.

C. Les systèmes aphylactiques ou quelconques

Ni les angles, ni les surfaces ne sont conservés. Ces projections tentent de compenser au mieux les différentes altérations.

L'indicatrice de Tissot matérialise ces déformations en montrant comment un petit cercle de la surface sphérique se transforme sur le plan.

L 'INDICATRICE DE TISSOT

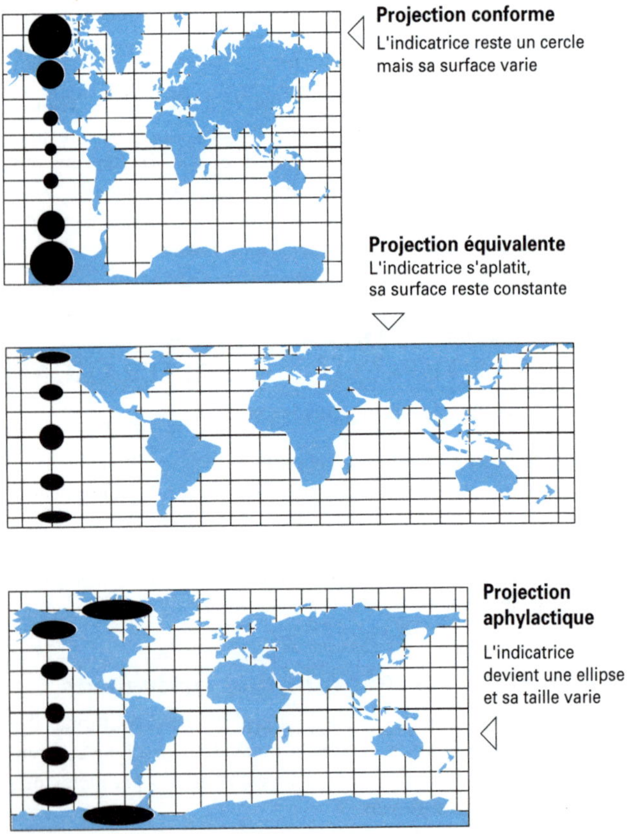

III. CLASSEMENT DES SYSTÈMES DE PROJECTION SELON LES MODES DE CONSTRUCTION

A. Projections azimutales

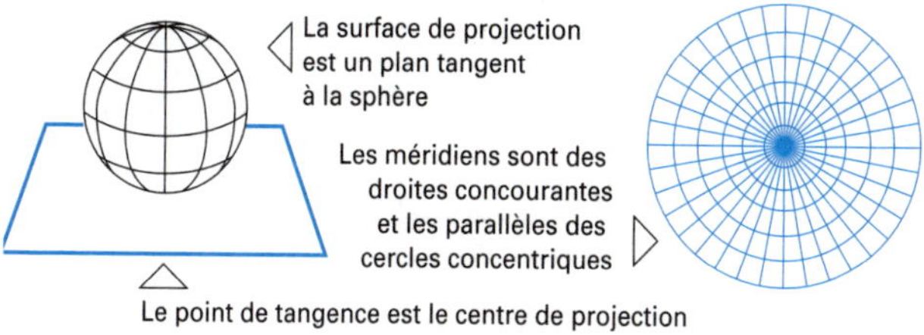

Selon le point de vue origine de la perspective on construit des projections ayant des caractéristiques et des intérêts particuliers.

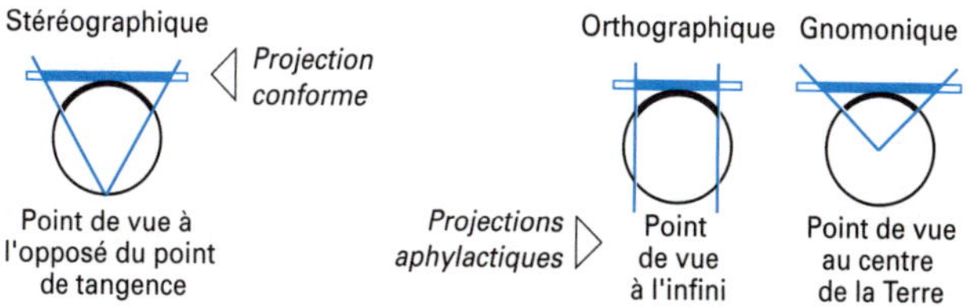

Une région qui s'inscrit **dans un carré** sera bien représentée dans un système azimutal. C'est le cas des cartes représentant de grands ensembles régionaux dans les atlas.

B. Projections cylindriques

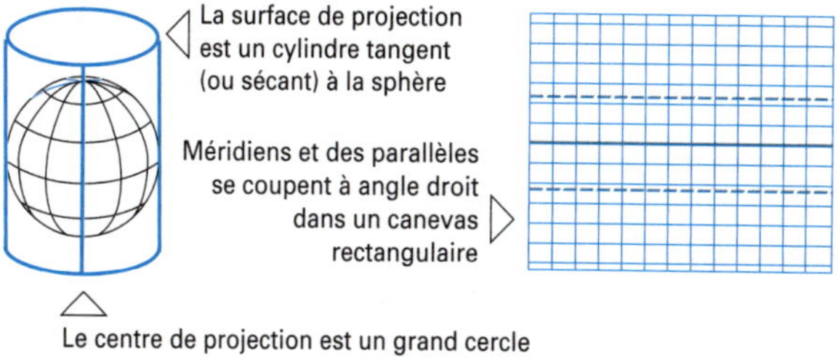

Les méridiens sont équidistants, l'espacement des parallèles diffère selon les points de vue.

Les systèmes cylindriques conviennent lorsque la région à cartographier **s'étend le long** d'un méridien ou d'un parallèle.

C. Les projections coniques

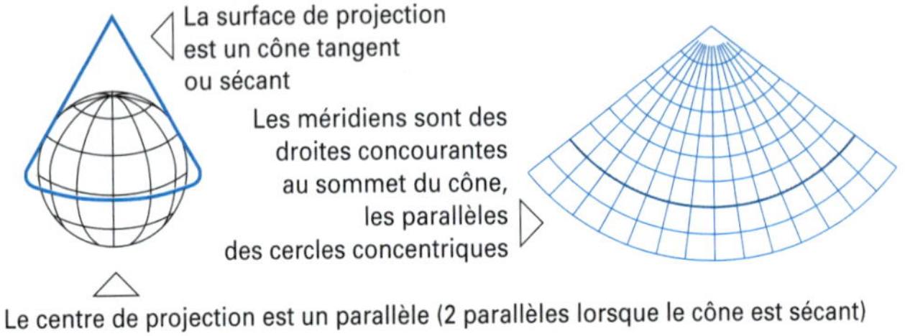

Ces projections conviennent pour **les moyennes latitudes**.

On choisira toujours un système dont le centre de projection correspond au centre de la région à cartographier. Chaque système de projection peut se présenter sous trois aspects :

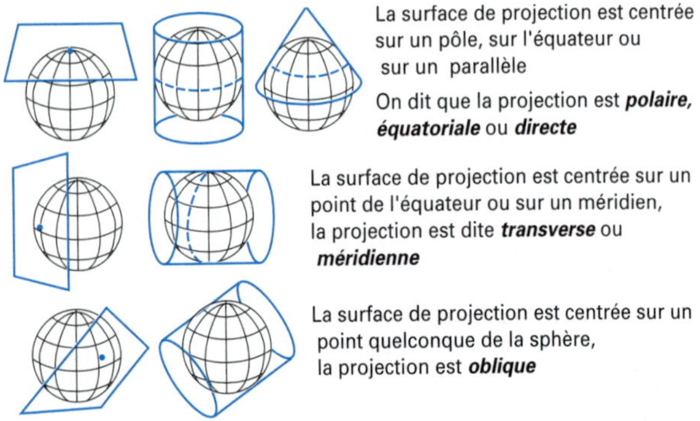

La projection réglementaire en France pour l'établissement de la carte de base est la projection conique conforme de Lambert (Jean-Henri Lambert, mathématicien 1728-1777). Pour minimiser les déformations, la projection a été construite à partir de 4 cônes tangents au globe le long des parallèles 55 gr (Lambert I pour le Nord), 52 gr (Lambert II pour le Centre), 49 gr (Lambert III pour le Sud) et 46,85 gr (pour la Corse).

Une projection appelée « Lambert II étendu » couvre la France entière. Le nouveau système Lambert 93, officiel depuis l'année 2 000 est établi à partir d'un cône sécant suivant les parallèles 44° et 49°.
La projection cylindrique UTM (Universal Transverse Mercator) couvre le monde entier. Elle est constituée de 60 fuseaux de 6° d'amplitude.
Les cartes de l'IGN portent le quadrillage UTM. Trois fuseaux concernent la France : les fuseaux 30, 31, 32. Le GPS a adopté cette projection dans son système WG S 84.

IV. LE CHOIX DE LA PROJECTION

Le calcul des projections est incontestablement une affaire de spécialistes. Pour le géographe, le choix de la projection est fonction de diverses circonstances :

– pour les plans et cartes à grande échelle, le problème est négligeable, la rotondité de la terre étant à peine perceptible ;

– à l'échelle des continents, les déformations deviennent considérables. Les planisphères présentent les déformations les plus importantes ;

– deux cartes qui ne sont pas élaborées dans le même système de projection ne peuvent se raccorder ;

– certaines projections seront préférées, en fonction de la latitude, de l'étendue ou de la forme de la région à représenter ;

– pour reporter des phénomènes de distribution (cartes par points) ou de densité, il faut choisir des projections équivalentes qui conservent les surfaces ;

– pour les cartes de navigation (maritimes ou aériennes), on utilise les projections conformes qui conservent les angles donc les directions ;

– la projection doit être adaptée à la région cartographiée ; le canevas des méridiens et des parallèles doit s'équilibrer dans le cadrage choisi, le méridien du centre de la carte est placé verticalement, les parallèles coupent les bords droit et gauche de la carte à la même hauteur.

DÉFORMATIONS DE SURFACES ET DE FORMES SELON LES PROJECTIONS

La Suède, l'Espagne et l'île de Sumatra ont sensiblement la même superficie. A la même échelle de projection les altérations de formes et de surfaces apparaissent spectaculaires.

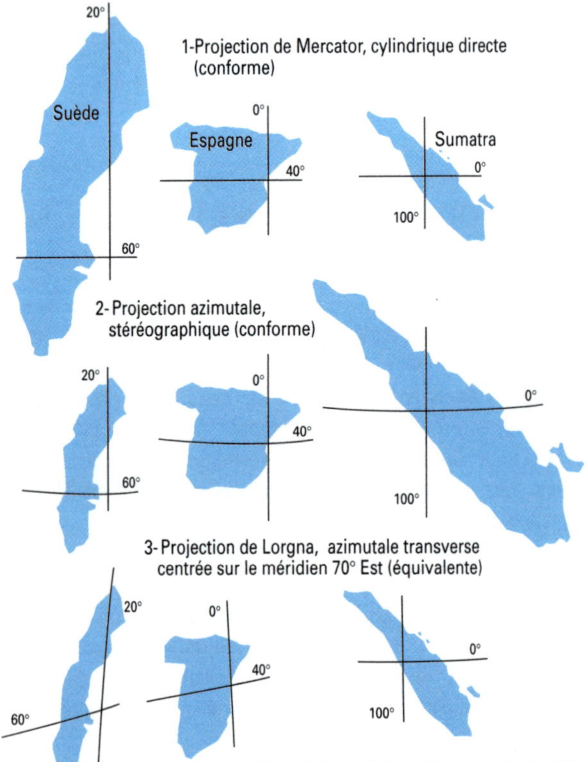

D'après R. Cuenin, Cartographie générale. Eyrolles 1972.

Certains planisphères sont construits dans des systèmes combinant plusieurs projections simples.

– **il faut savoir regarder le monde « sous tous les angles »**. Parmi les projections originales, on peut citer les suivantes :

Projection de Peters

Cylindrique avec deux parallèles fondamentaux, 45° lat. nord et 45° lat. sud.
(Projection équivalente)
La FAO a choisi pour ces publications ce planisphère aux continents étirés en hauteur.

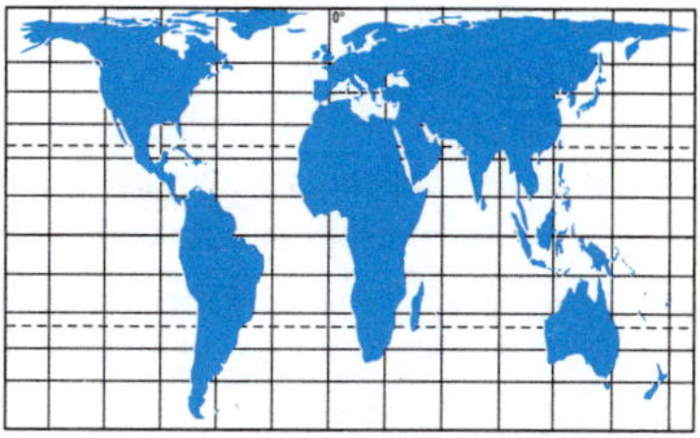

Projection de Fuller

(Projection composite)
Ce polyèdre donne une vision des dimensions relatives des territoires et des océans.
Le canevas des coordonnés n'est pas dessiné.

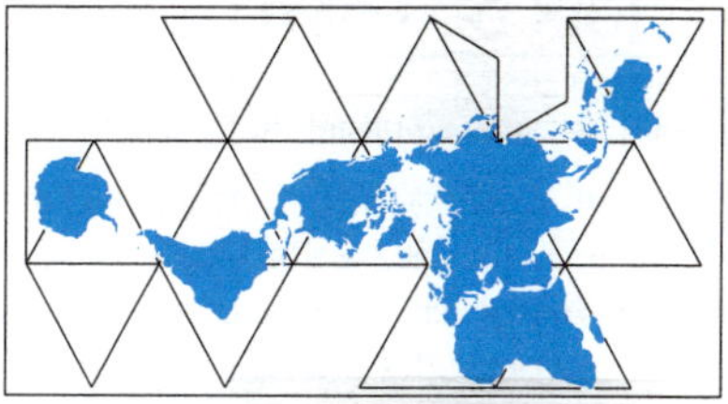

Projection de Goode

Projection équivalente discontinue
(Projection composite)

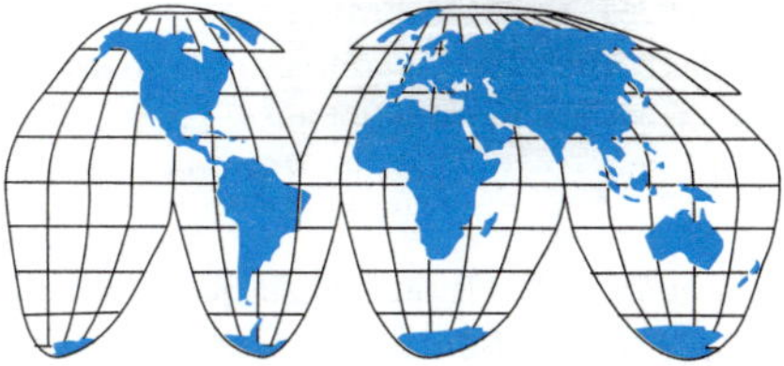

Projection de J. Bertin

(Projection composite)
Juxtaposition de projections azimutales, une par grande masse continentale.

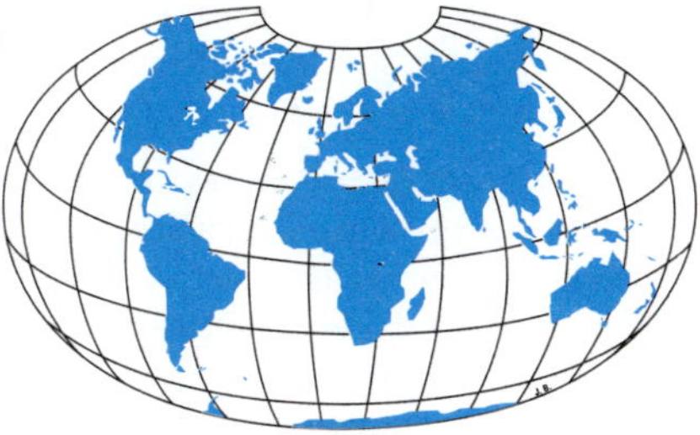

4. CHOIX ET DESSIN DU FOND DE CARTE

Le fond de carte* est le soubassement de la carte. Il comprend l'ensemble des éléments géographiques nécessaires à l'identification de l'espace présenté par la carte.

Le choix du fond de carte est lié à l'échelle et au sujet traité. Il peut être extrêmement complexe et précis, ou très schématique en ne reprenant que des contours.

I. CHOIX DU FOND DE CARTE

Le fond de carte se prend ou se relève :

– sur des cartes de base : cartes topographiques, plans cadastraux, cartes thématiques de base (géologie, géomorphologie, pédologie...), cartes produites par des grands organismes nationaux, publics ou privés. En France, les principaux sont l'IGN (Institut géographique national), le BRGM (Bureau de recherches géologiques et minières), le SHOM (Service hydrographique et océanographique de la Marine), Michelin... Parmi les institutions étrangères, on peut citer : Ordnance Survey, Bartholomew pour le Royaume-Uni, Rand Mac Nally pour les États-Unis, l'Istituto Geografico de Agostini pour l'Italie... ;

– sur des atlas de qualité tels que l'*Atlas du XXIe siècle* de Nathan, le *Nouvel Atlas* Bordas, le *Grand Atlas* Larousse/Hammond, l'*Atlas Universel* Le Monde/Sélection du Reader's Digest (édition en langue française du *Times Atlas of the World*), l'*Atlas, Cartes Chiffres, Photos satellites* de Sélection du Reader Digest, Alexander *Weltatlas* et *Diercke Weltatlas* Westermann (allemand).

Pour les cartes statistiques, les instituts spécialisés offrent des cartes présentant les découpages administratifs. Eurostat pour l'Union européenne fournit les fonds de carte correspondant à la nomenclature des unités territoriales statistiques (Nuts 1, 2, 3). Pour la France, les découpages fournis par l'INSEE vont de l'État à la commune, ceux du ministère de l'Agriculture (SCEES) délimitent les espaces forestiers et les petites régions agricoles...

Les « **atlas numériques** » fournissent maintenant des fonds de carte sous forme de fichiers informatiques (images raster* ou images vecteur*). Ces fichiers sont vendus sur CD Rom ou téléchargeables sur Internet (→ **dossier 15**). Les principaux logiciels de cartographie intègrent des fonds de carte.

Pour choisir le fond de carte, on consulte des documents fiables, rigoureux et adaptés. On porte **l'échelle graphique** et les références de la carte (pour éventuellement vérifier ou compléter le fond de carte ultérieurement).

On utilise de préférence des documents originels. Le fond de carte est pris sur une carte plus grande que celle que l'on veut dresser.

Il est souvent préférable de faire un relevé sur calque. Il faut être très attentif au positionnement du calque sur le document de base (croix de repérage). Les éléments sélectionnés sont dessinés avec précision.

II. LA GÉNÉRALISATION*

La généralisation est « l'opération qui, par sélection, schématisation et harmonisation, reconstitue sur une carte la réalité de la surface représentée dans ses traits essentiels en fonction du but de la carte, de son thème, de son échelle et des particularités de la région cartographiée » R. Cuénin *(op. cité)*

La généralisation est une étape essentielle de la construction de la carte qui s'appuie sur des connaissances géographiques et les principes de la perception visuelle. Conserver des détails négligeables nuit à la lisibilité.

La généralisation s'applique à tous les éléments de la carte : aux tracés du fond de carte, aux représentations thématiques ainsi qu'aux écritures.

– La sélection vise à optimiser la densité de l'information. C'est le choix raisonné entre les éléments à conserver et les éléments à supprimer.

– La schématisation est la simplification de la géométrie des objets : suppression des sinuosités et des angularités de faible amplitude.

– L'harmonisation crée la cohérence de la représentation. Le même degré de généralisation est apporté aux différents éléments de la carte.

La schématisation des tracés linéaires et des contours de zone est la plus simple à réaliser. Elle consiste dans la suppression des sinuosités.
En revanche, la schématisation des petites taches isolées comme une multitude d'étangs ou un semis d'îles présente des difficultés. Certains éléments doivent disparaître ou fusionner tout en préservant une forme générale et en conservant une orientation dominante.

EXEMPLE DE GÉNÉRALISATON : CÔTE DE FINLANDE

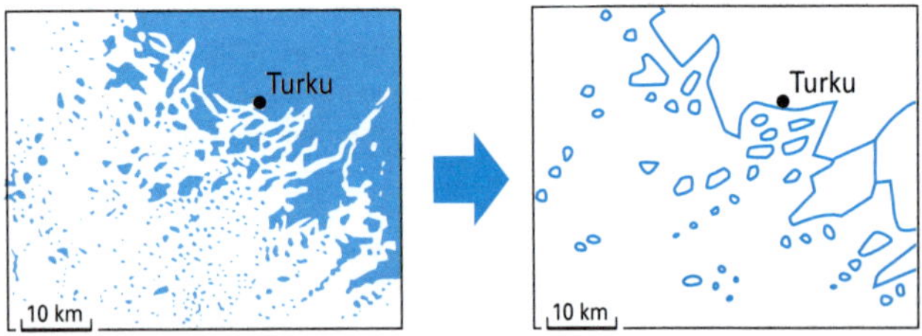

Extrait de J. Bertin. Sémiologie graphique. 1967

L'exactitude relationnelle doit être strictement conservée entre les différents éléments du fond de carte en respectant les positionnements et les relations géométriques telles que parallélisme, valeur d'angle, tangence, orientation d'un tracé, etc. L'exactitude relationnelle est indépendante de l'échelle et n'est pas réduite par la schématisation.

A et B sont des tracés différents, quelque soit le niveau de schématisation qui pourrait leur être appliqué, ils resteront différents car leur **relation géométrique est différente** :

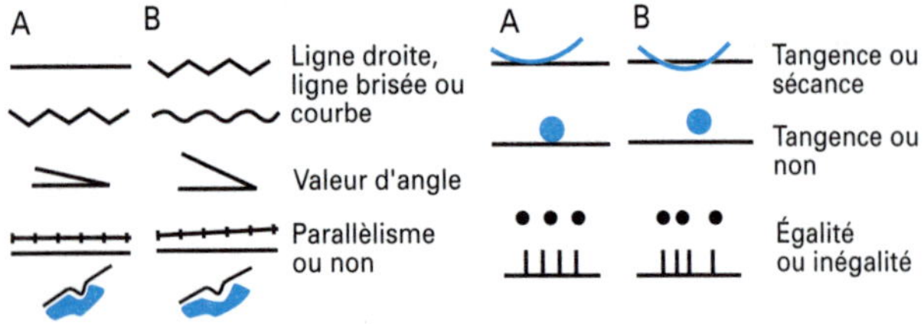

À un certain degré de généralisation, on franchit un seuil. Le semis de taches devient une zone, puis la zone se réduit à un point. La schématisation peut donc prendre deux aspects :

– la **généralisation structurale** ne modifie pas la structure de l'objet (un tracé linéaire, un semis de taches) ;

– la **généralisation conceptuelle** s'accompagne d'un changement d'implantation* (**→ dossier 5**) avec passage de la zone au point (cas d'une agglomération), passage de l'implantation ponctuelle (un ensemble de puits de pétrole) à une implantation zonale (zone du gisement), puis à une implantation ponctuelle (présence de pétrole).

Les tracés ne doivent être ni mous, ni anguleux pour aboutir à des traits épurés et sobres (rectilignes ou courbes), qui n'enveloppent pas les formes mais les caractérisent. Le travail se fait plus aisément quand on part d'un document à plus grande échelle et que l'on dessine d'un trait épais.

Schématisation insuffisante — Généralisation adaptée au format

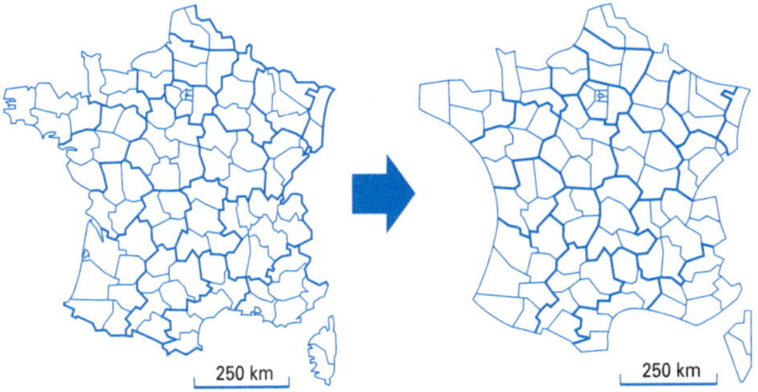

FAIRE LE POINT
– L'échelle détermine le degré de généralisation, par conséquent un changement d'échelle significatif entraîne une reprise du travail de généralisation du fond de carte. – Il est utile de regarder des cartes du même espace à différentes échelles pour apprécier la pertinence de la généralisation effectuée. Les images satellitaires, notamment pour le tracé des côtes permettent d'optimiser les choix. – La démarche généralisatrice s'applique aujourd'hui à la cartographie informatisée. Des algorithmes de simplification, des systèmes de filtrage dégagent des tendances générales tant pour les images vecteurs que pour les données rasters.

5. ANALYSE DES DONNÉES À REPRÉSENTER

Il est nécessaire de procéder à l'analyse de l'information avant de transcrire les données sur une carte.

Dans toute information géographique, il y a une composante spatiale qui mobilise les deux dimensions du plan (x et y) et une variable (z).

I. IMPLANTATION

L'information géographique s'inscrit dans un plan. L'implantation est la transcription dans le plan de la carte de la localisation géographique des données. Dans un plan, la donnée caractérise un point, une ligne ou une zone.

a. Un point est un moment du plan sans surface, ni longueur

Il est défini par X et Y. Une donnée qui s'applique à un point est dite en implantation ponctuelle (établissements de tel type d'industrie, les villes de plus de 500 000 habitants…).

b. Une ligne est un moment du plan sans surface mais avec une longueur

Elle se définit par 2X et 2Y. L'information qui s'applique à une ligne est dite en implantation linéaire (frontière, trajet, limite climatique…).

c. Une zone est une portion de plan avec une surface réelle

Elle est limitée par un contour défini par nX et nY. Si une donnée caractérise une zone, elle est dite en implantation zonale.

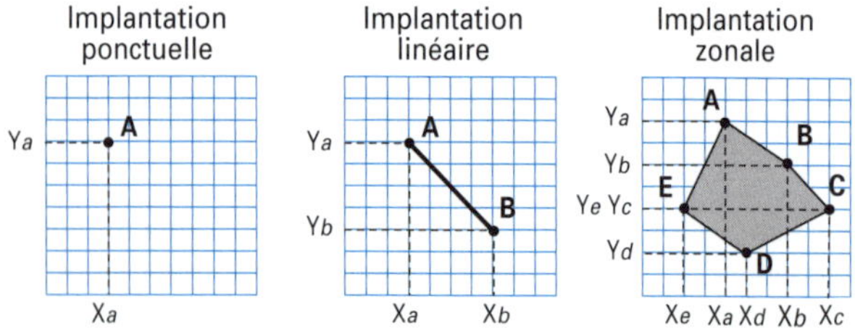

Il est important de noter que le plan est une surface continue et homogène. Un même signe y a donc une même signification. Une absence de signe traduit une absence de phénomène.

L'image cartographique est nécessairement signifiante, cohérente et harmonieuse dans l'ensemble de la représentation.

L'homogénéité du plan implique la transcription d'une information homogène.

L'information s'étend à toute la surface du plan de telle sorte que les vides soient significatifs d'absence de phénomènes et non d'ignorance du phénomène.

La réalisation de cartons* accompagnant une carte principale (➔ **dossier 12**) ne peut ignorer l'homogénéité du plan.

L'image de la carte principale ne respecte pas la continuité du plan

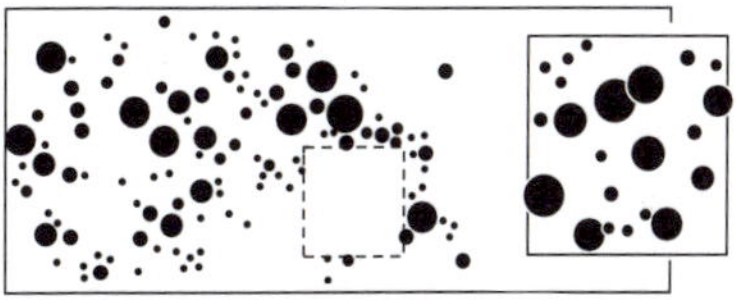

Absence de signes
=
absence de phénomènes

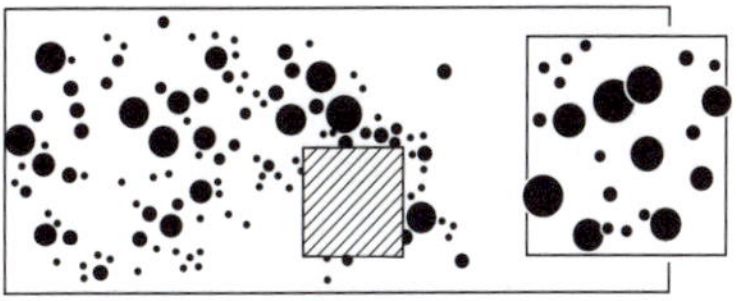

Changement de signes
=
autres phénomènes

Seule cette image respecte la continuité du plan

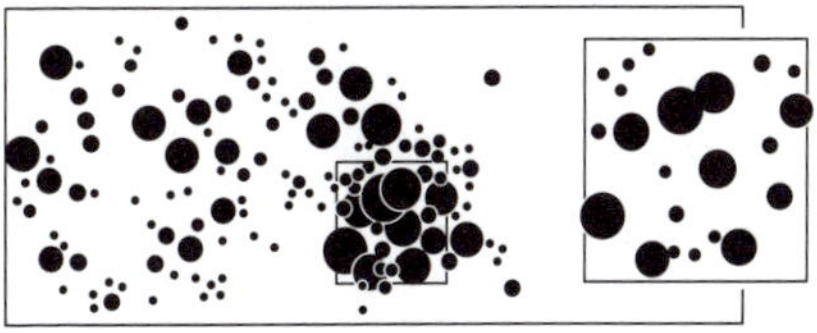

Extrait de J. Bertin. Sémiologie graphique. 1967.

Attention à **ne pas confondre localisation et implantation.** La localisation est une notion géographique, **l'implantation une notion graphique**.

La localisation n'est pas modifiable, tandis que l'implantation d'une même information peut varier selon le choix de la transcription graphique et l'échelle de la carte.

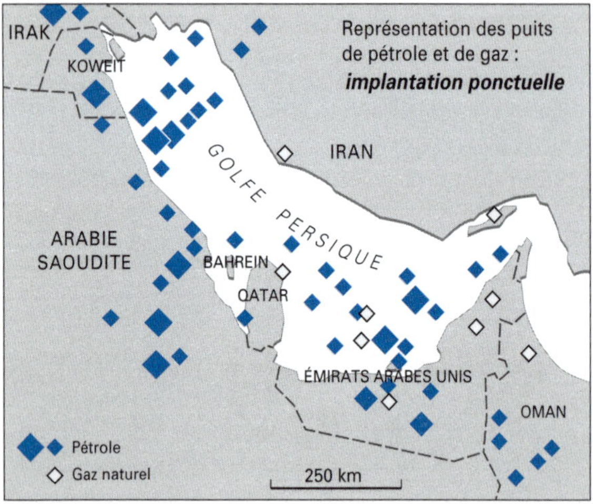

A une échelle plus petite (réduction de moitié), on dessine des zones pour représenter les gisements:

implantation zonale

A une échelle encore plus petite la présence de pétrole et de gaz est représentée par un symbole:

implantation ponctuelle

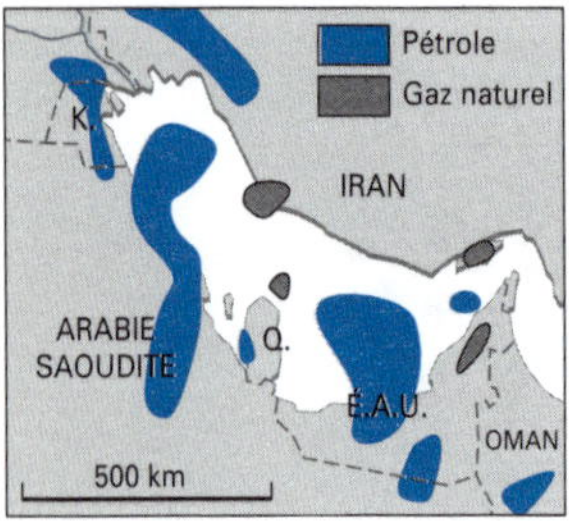

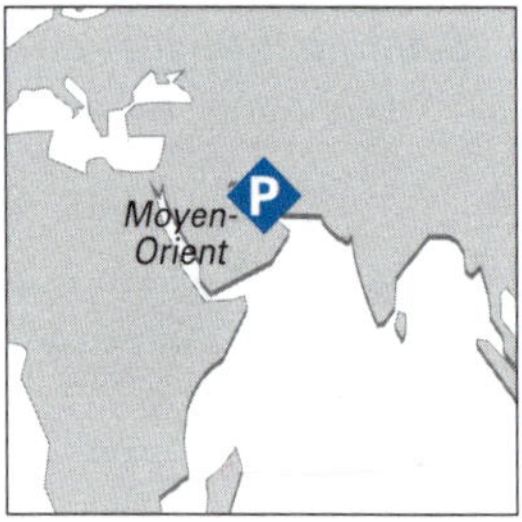

II. LES RELATIONS ENTRE LES DONNÉES

Les données à transcrire sur une carte sont infiniment variées, que ce soit des données qualitatives (non mesurables) ou quantitatives (chiffrées). Le mode de relation entre les données est déterminant pour la transcription visuelle. Il existe trois modes de relation :

– **le niveau différentiel** où s'exprime simplement une ressemblance (associativité) ou une différence.

Ex. : types d'industries, modes d'utilisation du sol, répartition ethnique, appartenance religieuse… ;

– **le niveau ordonné** lorsqu'une hiérarchie, un classement ou une succession existent naturellement entre les phénomènes.

Ex. : intensité d'un trafic, rendements agricoles, densité d'un peuplement, succession de positions d'une ligne de front ;

– **le niveau quantitatif** lorsque les données sont mesurables et qu'au-delà d'un ordre s'exprime un rapport numérique entre les phénomènes.

Ex. : la population des villes de plus de 200 000 habitants en France, le nombre d'habitants par cantons.

Toutes les données à cartographier entrent dans ces trois types de relation. La notion d'ordre est essentielle. Ce qui est qualitatif n'est pas ordonné, ce qui est quantitatif l'est.

6. LES VARIABLES VISUELLES

J. Bertin écrit : « La graphique utilise les propriétés de l'image visuelle pour faire apparaître les relations de différence, d'ordre ou de proportionnalité entre les données ».

Les principes de la graphique ont été définis par J. Bertin et présentés dans son ouvrage *Sémiologie graphique* (1re édition, Mouton, Gauthier-Villars, Paris 1967).

I. GÉNÉRALITÉS

La notion de variables visuelles* a été créée par J. Bertin. Dans *Sémiologie graphique,* il utilise l'expression de « variables rétiniennes », celle de variables visuelles s'est imposée par la suite. Aujourd'hui, c'est le mot-clé de toute transcription visuelle. Son usage est devenu tellement évident qu'on en oublierait que cette dénomination est apparue il y a seulement une trentaine d'années.

Les variables visuelles sont les moyens graphiques qui permettent de transcrire visuellement une information, c'est-à-dire de représenter des données qualitatives et quantitatives, et d'exprimer les relations existant entre ces données.

Pour s'exprimer le cartographe dispose :

– des deux dimensions du plan ;

– de six variables visuelles qui sont la taille, la valeur, la couleur, la forme, l'orientation et le grain.

Chaque variable offre des possibilités spécifiques de différenciation visuelle et présente des propriétés perceptives déterminées. L'efficacité et la pertinence d'une représentation graphique impliquent simplement et nécessairement le bon choix de la variable visuelle. **Certaines variables créent l'image**, elles génèrent la forme significative de la représentation, celle que l'on perçoit instantanément. D'autres séparent les éléments constitutifs de l'image : on distingue donc **les variables de l'image et les variables de séparation**.

En regardant le tableau ci-contre, on voit que les variables de l'image créent des taches de poids visuel différent. Elles génèrent l'image.

En revanche, aucun « relief » visuel n'existe dans la deuxième partie du tableau. Les variables de séparation laissent l'image plate. Elles séparent les éléments entre eux, sans introduire de différence de poids visuel.

LES VARIABLES VISUELLES

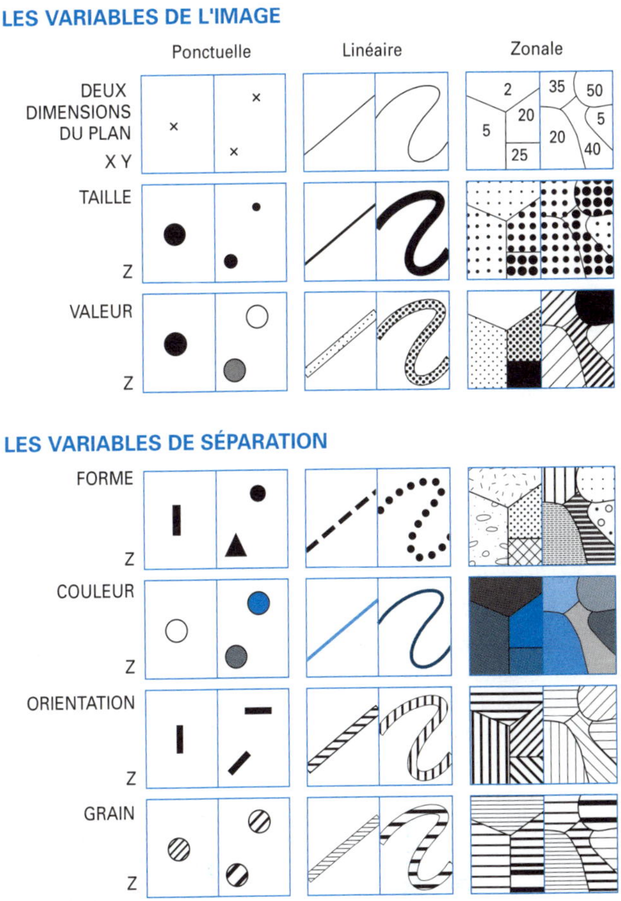

Extrait de J. Bertin. La Graphique et le traitement graphique de l'information, 1977.

II. LES VARIABLES DE L'IMAGE

Les variables de l'image sont au nombre de quatre, les deux dimensions du plan, la taille et la valeur.

A. Les deux dimensions du plan

Dans le plan, les « taches » qui transcrivent les données se positionnent en X et en Y.

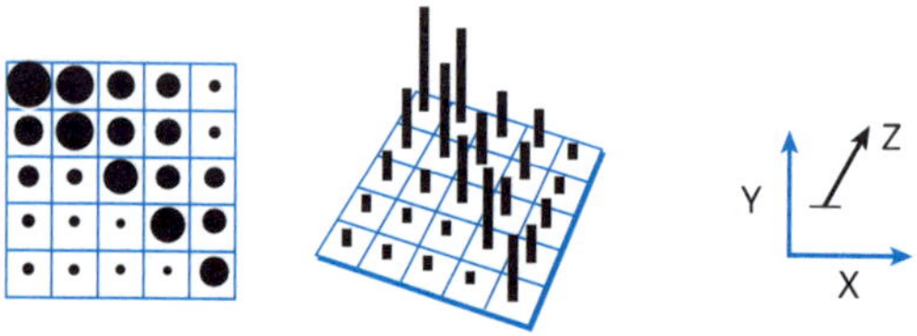

Extrait de J. Bertin. Sémiologie graphique. 1999.

C'est le point de départ de l'image. Dans la carte, les deux dimensions du plan sont mobilisées par la localisation du phénomène. Au-dessus du plan, les variables visuelles construisent l'image en « troisième dimension » (en Z).

B. La taille et la valeur

Les variations de taille et de valeur créent dans le plan une forme significative immédiatement perceptible (par réduction de la quantité de blanc de la surface de papier).
La notion d'image instantanée est essentielle, dans la construction visuelle de la carte.

a. La variation de taille

Elle correspond à une variation de hauteur, de largeur ou de surface d'un figuré*. Elle se construit toujours sur la mesure d'une longueur (rayon d'un cercle, côté d'un carré, hauteur d'une colonne, largeur d'un segment…).

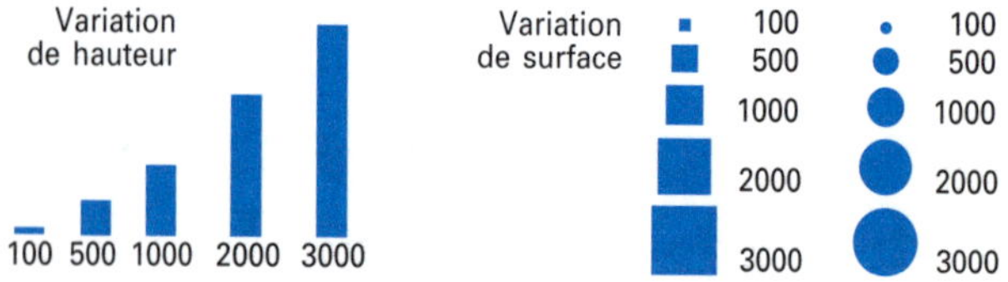

La taille est la seule variable qui permet de visualiser des quantités absolues qui traduisent des rapports numériques entre les phénomènes, une relation de proportionnalité.

b. La valeur varie du clair au foncé, du blanc au noir

Elle est définie par le rapport entre les quantités de noir et de blanc sur une surface donnée. Ce rapport peut s'exprimer en pourcentage pour les niveaux de gris, on parle de noir 10 %, noir 30 %, noir 75 %...

La valeur est la variable qui traduit **les relations d'ordre**. La variation de valeur n'est pas quantitative. Elle permet de dire plus ou moins, mais pas combien en plus, ni combien de fois en moins.

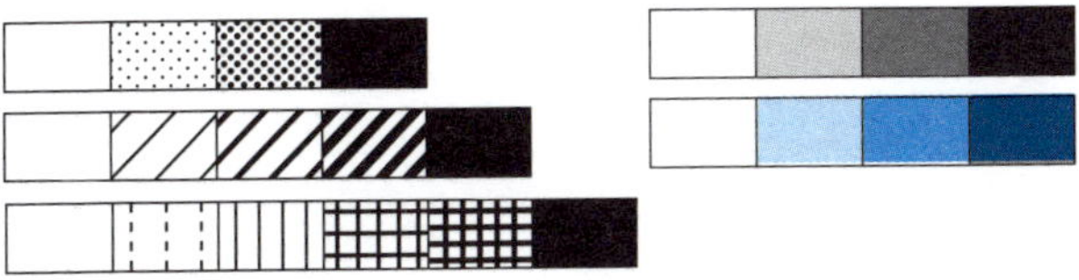

III. LES VARIABLES DE SÉPARATION

Les variables de séparation sont également au nombre de quatre : la forme, la couleur, l'orientation et le grain.

Elles permettent d'établir des ressemblances ou des différences entre les éléments de l'image. Elles séparent les éléments, mais ne créent pas de hiérarchie entre eux. Les relations sont la différence et l'association.

A. La variation de forme est infinie

On peut imaginer une multitude de formes : figures géométriques, signes conventionnels, symboles, pictogrammes... L'utilisation de la forme est délicate car sa capacité de différenciation est faible.

La variation de forme est associative : on perçoit les formes semblables avant les formes différentes.

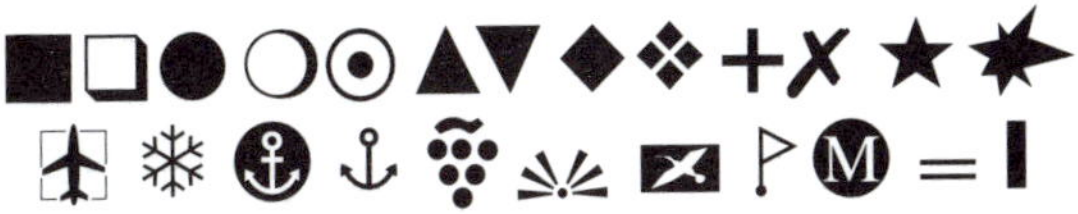

B. La variation de couleur est très sélective

Pour bien utiliser la couleur en cartographie, il est essentiel de dissocier les notions de couleur et de valeur ; une teinte combine couleur et valeur. En associant les variations de couleur et de valeur, on donne une réponse visuelle satisfaisante à la relation d'ordre (➔ **dossier 8**).

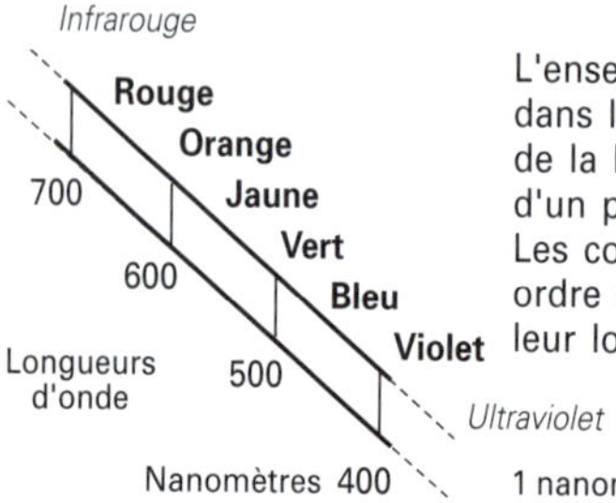

L'ensemble des couleurs est visible dans le spectre de décomposition de la lumière blanche au travers d'un prisme (arc en ciel).
Les couleurs se placent dans un ordre déterminé correspondant à leur longueur d'onde

1 nanomètre = 10^{-9} mètre

La perception de la couleur correspond à l'absorption ou à la réflexion des radiations de la lumière.

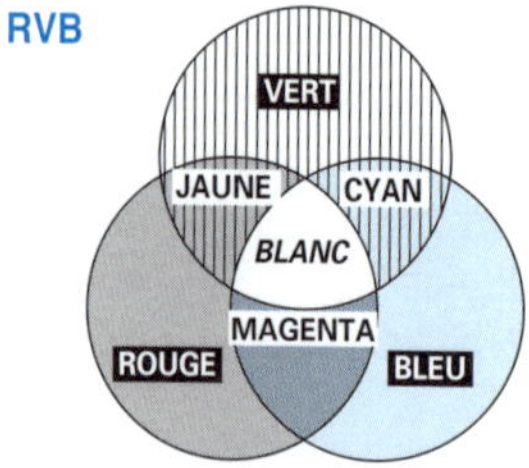

SYNTHÈSE ADDITIVE

Si l'on projette sur un écran blanc un rayon de **lumière bleue,** un rayon de **lumière rouge** et un rayon de **lumière verte**, le mélange des trois produit de la lumière blanche, et les mélanges deux à deux produisent des rayons de lumière composée: cyan, jaune et magenta.

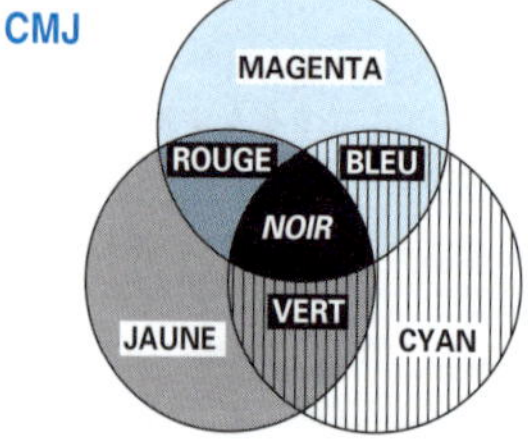

SYNTHÈSE SOUSTRACTIVE

Si l'on dépose sur une feuille de papier blanc de l'**encre jaune**, de l'**encre cyan**,et de l'**encre magenta**, le mélange des trois donnent du noir, les mélanges des encres deux à deux produisent des teintes rouge, vert et bleu.

Les couleurs projetées (RVB) sont dites fondamentales, elles sont utilisées pour les travaux sur écran, tandis que les couleurs à prendre en compte pour l'impression sur papier sont les couleurs primaires (CMJN).

Chaque teinte se décompose en couleurs fondamentales et en couleurs primaires dans des proportions variables.

Orangé : M 45 J 100 (CMJN) ou
R 255 V 140 (RVB)

C. La variation d'orientation est limitée

On retient quatre directions : horizontal, vertical, oblique 45° à gauche, oblique 45° à droite.

La capacité de différenciation est faible, pourtant l'œil est très sensible à ces variations d'orientation.

On l'utilise souvent combinée à une autre variable, telle que la forme, pour accentuer **une différence visuelle**, ou pour traduire une association (➔ **dossier 7**).

D. La variation de grain

Le grain est la quantité de taches séparables contenues dans une unité de surface. La taille des éléments constitutifs de la trame* (points ou traits) varie, mais la valeur de la trame ne change pas puisque le rapport du noir au blanc reste identique.

Le changement de grain correspond à l'agrandissement ou à la réduction photographique d'une trame. On parle de trame à grain fin (quand les éléments constitutifs de la trame ne sont pas perceptibles à l'œil nu) et de trame à grain grossier. La finesse du grain est proportionnelle à la quantité de taches réparties dans l'unité de surface.

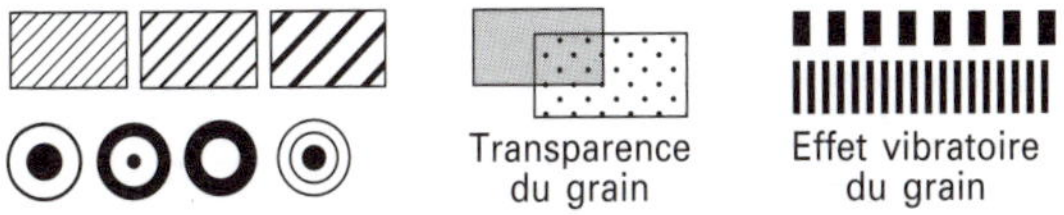

La variation de grain est difficile à réaliser. Elle est peu utilisée. Elle présente cependant des propriétés intéressantes : une sélectivité forte (en opposant grain fin et grain grossier), un effet de transparence qui permet la superposition, un effet vibratoire (ou scintillement) prégnant.

7. REPRÉSENTATION D'UN CARACTÈRE QUALITATIF

Une information est qualitative lorsque les données ne s'ordonnent pas. La relation existant alors entre les données est la **ressemblance** (associativité) ou la **différence** (sélectivité). Les informations de ce type sont innombrables : activités économiques, catégories socio-professionnelles, nature des sols, ressources minières...

Les cartes qui donnent à voir une information qualitative sont des cartes d'inventaire ou des cartes de typologie.

Les variables visuelles qui expriment ni ordre, ni quantité sont la **forme** et la **couleur**, et avec une moindre efficacité l'orientation et le grain. La variation de forme est particulièrement adaptée à l'implantation ponctuelle, la variation de couleur à l'implantation zonale.

I. UTILISATION DE LA VARIABLE FORME

A. En implantation ponctuelle

La forme est la variation visuelle la plus efficace pour représenter une information qualitative ponctuelle.

LA VARIATION DE FORME

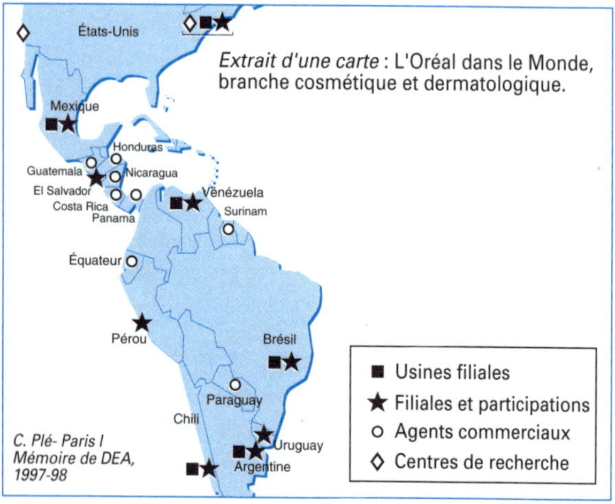

a. Le dessin des figurés

La capacité de différenciation visuelle de la forme est limitée. On peut imaginer une infinité de formes différentes, mais l'œil ne retiendra que des figurés au dessin bien différencié.

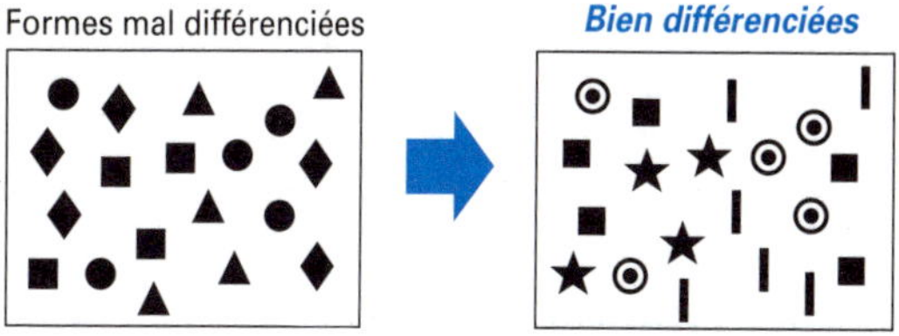

La symbolique de la forme est tentante (identification externe), mais l'efficacité visuelle des signes repose moins sur leur capacité évocatrice que sur leur densité visuelle et la distance mise dans leur différenciation.

Pour le dessin des figurés, on retiendra des signes élémentaires simples de taille suffisante (2 mm minimum). Dans les très petites tailles, il n'existe que trois formes séparables : le point, le trait, la croix (ou l'étoile). La lisibilité est améliorée par l'utilisation du contraste entre le blanc et le noir (signe scintillant).

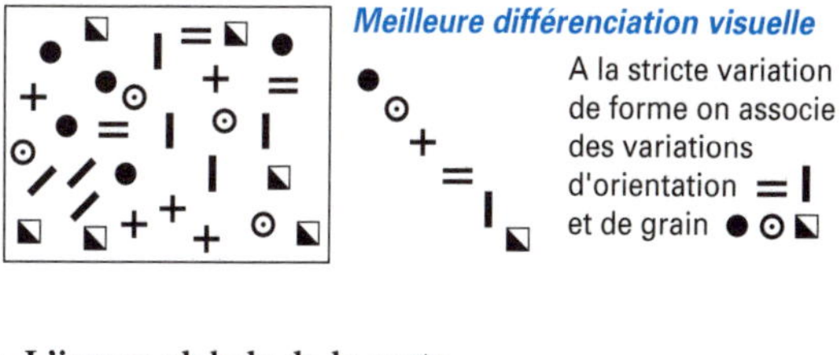

b. L'image globale de la carte

L'œil ne peut mémoriser un très grand nombre de signes, il faut donc limiter le nombre de signes utilisés, regrouper visuellement ce qui peut s'apparenter en utilisant l'associativité de la variation de forme.

La répartition des figurés sur la carte doit être prise en compte tant du point de vue de l'efficacité visuelle que de l'esthétique de l'ensemble. Pour que la distribution géographique apparaisse au mieux plusieurs essais sont souvent nécessaires.
Il est primordial de séparer ce qui appartient au fond de carte de ce qui constitue l'information à visualiser, en créant deux niveaux de lecture qui ne s'enchevêtrent pas. La discrétion (visuelle) du fond de carte est essentielle afin que le plan visuel consacré à l'information soit plus dense, plus puissant et se place au-dessus du fond de carte. (→ **dossier 12**)

B. En implantation linéaire

Une ligne peut varier de forme. Les possibilités de différenciation apparaissent cependant très limitées, quand la nature de l'information nécessite l'utilisation de figurés de même poids visuel.
Le dessin de figurés linéaires met en œuvre des variations de forme en jouant sur la sélectivité entre traits pleins simples, traits pleins avec « barbules », traits discontinus à base de tirets (tiretés), traits discontinus à base de points (pointillés). L'allure du tracé (anguleux ou souple) introduit une autre possibilité de différenciation.

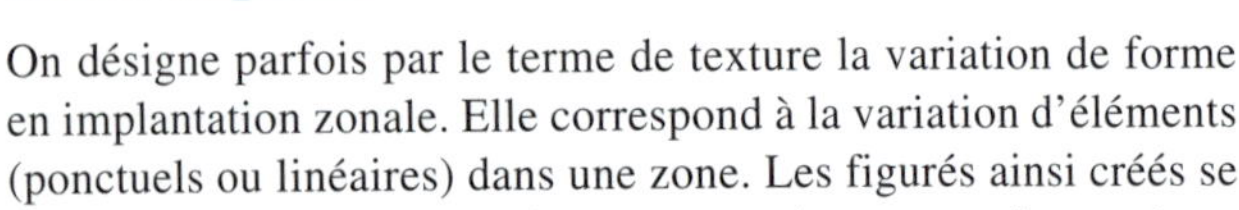

C. En implantation zonale

On désigne parfois par le terme de texture la variation de forme en implantation zonale. Elle correspond à la variation d'éléments (ponctuels ou linéaires) dans une zone. Les figurés ainsi créés se nomment trame* (trame points, trame traits, trames diverses), ou motifs (dans les logiciels de cartographie). Lorsque le figuré constitutif de la trame est un symbole évocateur, on parle de poncif.
La sélectivité de la variable forme dans cette implantation est faible, car c'est le rapport du noir au blanc (c'est-à-dire la valeur) qui est perçu instantanément. Le niveau de gris prime visuellement sur la forme des éléments constitutifs de la trame.

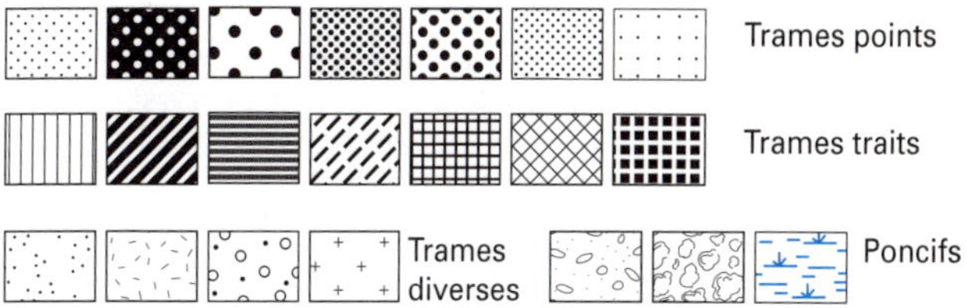

On s'efforce d'améliorer la sélectivité en opposant points et lignes (texture), semis régulier et irrégulier (structure), et aussi en faisant appel aux variations de grain et d'orientation.

Trames uniformément "grises". La sélectivité de la variation de forme est à améliorer

La sélectivité est meilleure : les variations de grain et d'orientation appuient la variation de forme

II. UTILISATION DE LA VARIABLE COULEUR

La couleur est fortement sélective. Elle est couramment utilisée pour toutes les grandes cartes thématiques dans lesquelles l'information est qualitative : cartes géologiques, pédologiques, géomorphologiques, environnementales, climatiques, etc.
L'utilisation de la couleur pour transcrire une information qualitative est très naturelle. Plusieurs observations peuvent cependant préciser les conditions d'emploi de la couleur :

– la sélectivité est plus grande, si on oppose couleurs chaudes (jaune, orange, rouge, pourpre) et couleurs froides (vert, bleu, indigo) ; les couleurs fondamentales à leurs complémentaires (bleu-violet à jaune, rouge-orange à bleu, vert-jaune à rouge-violet) (➔ **dossier 6**) ;

– les couleurs ont un pouvoir évocateur (bleu pour l'eau, vert pour le végétal en général, jaune et ocre pour les céréales, violet pour la vigne…) qui facilite l'immédiateté de la perception ;

– les couleurs pures (tons saturés) offrent une meilleure sélectivité, mais attention elles n'ont pas toutes la même valeur (➔ **dossier 8**), et la valeur domine la perception de la couleur : ainsi un bleu et un rouge de même valeur seront d'abord semblables avant d'être différents, d'autant plus que la surface colorée sera de faible étendue ;

– dans les teintes claires, la sélectivité est plus forte dans les orange, jaune, vert. Dans les teintes foncées, la sélectivité est plus importante dans les bleu, violet, rouge.

A. En implantation zonale

On rapporte la couleur à l'**étendue de la surface colorée**. On réserve les couleurs vives et foncées aux petites zones, et les couleurs plus pâles aux grandes surfaces.

Les couleurs sont perçues dans une **situation d'interdépendance**. Les couleurs se diffusent les unes dans les autres. Une couleur est en quelque sorte contrôlée par celles qui l'entourent.

Certaines couleurs se placent en avant : les couleurs chaudes (rouge, orange, pourpre) sont des couleurs saillantes. D'autres se mettent en retrait : les couleurs froides (bleu, vert, violet) sont des couleurs fuyantes.

La couleur bien utilisée a une **dimension esthétique et didactique** puissante. Au-delà de la subjectivité, certaines harmonies de couleur sont perçues comme agréables (de ce fait on se « plonge » dans la carte), d'autres au contraire sont perçues comme inélégantes, choquantes ou agressives (on ne s'arrête pas sur la carte). Le cartographe doit savoir prendre en compte tout cela pour construire son message, en rapport avec le sujet traité et le public visé. Il lui appartient de tirer le meilleur profit de l'aspect psychologique de la perception de la couleur

B. En implantations ponctuelle et linéaire

La sélectivité de la couleur est beaucoup moins grande, et les possibilités de différenciation moins nombreuses.

Pour ces implantations, on utilisera des couleurs foncées et fortement différenciées. Si on prend des couleurs pâles (notamment le jaune) qui diffusent dans le blanc de la feuille de papier ou dans les fonds colorés avoisinants on devra entourer les figurés ponctuels en couleur d'un trait noir fin, pour « contenir » l'image.

III. LA VARIATION DE GRAIN

Elle est sélective, mais n'offre qu'un petit nombre de possibilités de différenciation (2 ou 3). Le grain est transparent ce qui permet de visualiser des superpositions.

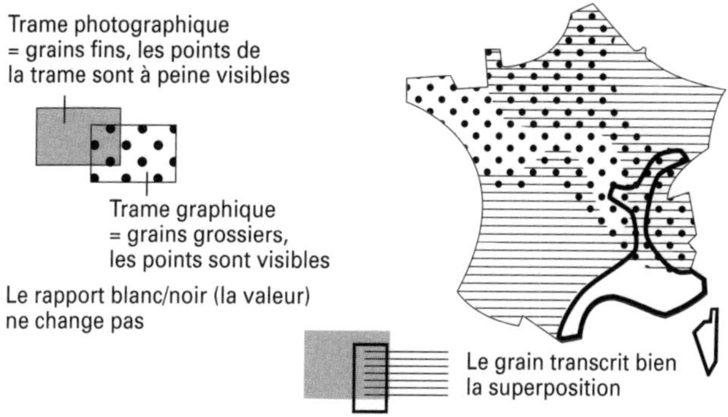

IV. LA VARIATION D'ORIENTATION

Elle trouve sa meilleure utilisation en implantation ponctuelle, dans le cas d'un semis de figurés distribués dans une surface, par exemple la répartition d'une population avec différenciation ethnique. En implantation zonale son pouvoir de différenciation est inexistant. Elle ne s'utilise qu'en appui d'une autre variable, par exemple la valeur, pour préciser une différenciation.

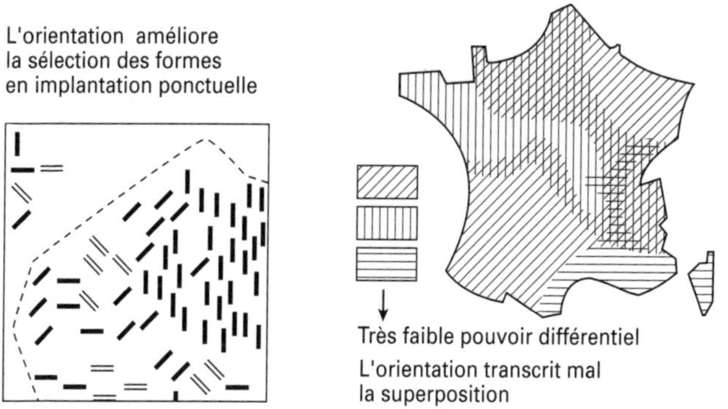

8. REPRÉSENTATION D'UN CARACTÈRE ORDONNÉ

La notion d'ordre est essentielle, elle est présente dans beaucoup d'informations, que ce soit par l'intermédiaire de données numériques ou de données non mesurables (chronologie, succession calendaire, hiérarchie administrative…). Cet ordre, perçu par tous, ne peut pas être autre.

Les variables visuelles qui transcrivent l'ordre sont la valeur, la couleur, la taille et le grain. Lorsqu'une information est transcrite par la couleur, c'est la valeur des couleurs qui est considérée.

Ces variables imposent le classement. L'ordre visuel est perçu par tous sans recours à la légende.

I. UTILISATION DE LA VARIABLE VALEUR

La valeur est définie comme le rapport entre les quantités de noir et de blanc sur une surface donnée.

A. La variation de valeur transcrit naturellement une information ordonnée

Les possibilités sont plus étendues (plus de paliers) en implantation zonale qu'en implantations ponctuelle ou linéaire.

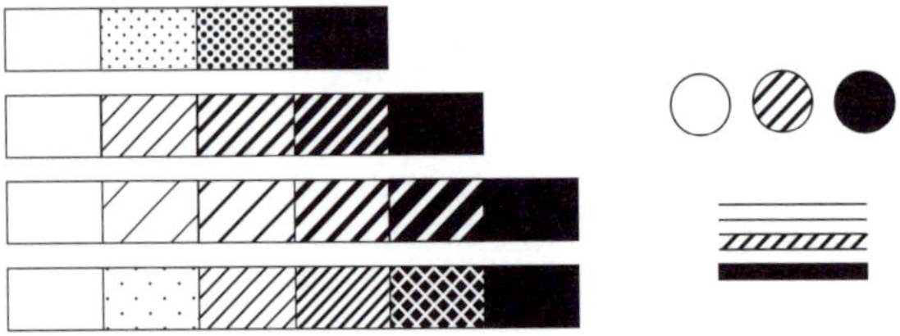

B. La variation de valeur n'est pas quantitative

Une quantité absolue ou un effectif ne se représente pas par la variation de valeur.

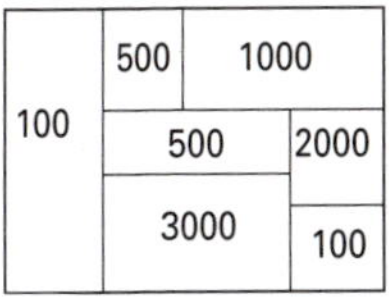

La valeur ne transcrit pas les quantités, elle évoque la densité mais pas la grandeur

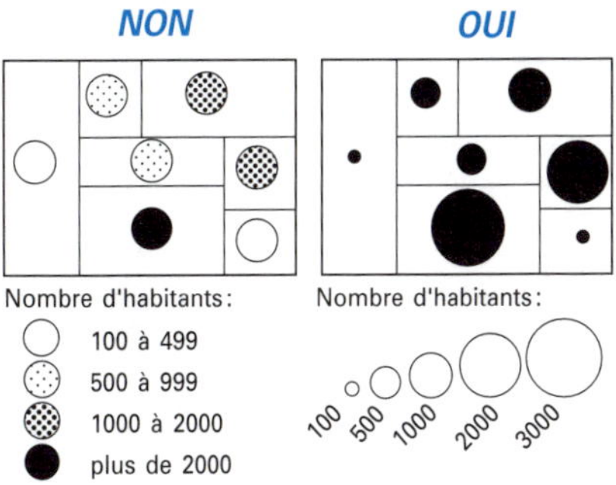

C. Conseils pratiques pour la réalisation d'une progression de valeur

1. **La variation de valeur est continue du blanc au noir.** Toute l'étendue de variation est utilisée pour créer une différenciation visuelle maximale entre les paliers.
Le blanc peut être utilisé hors de la progression, par exemple pour signifier une absence de données.
2. **La différence visuelle entre les paliers est constante**, sauf si les paliers numériques ne sont pas équidistants. La variation de valeur permet d'établir un parfait parallélisme entre les données et leur transcription visuelle. Une variation d'orientation ou de forme (trame points, trame traits) peut mettre en évidence un passage remarquable dans une progression de valeur.

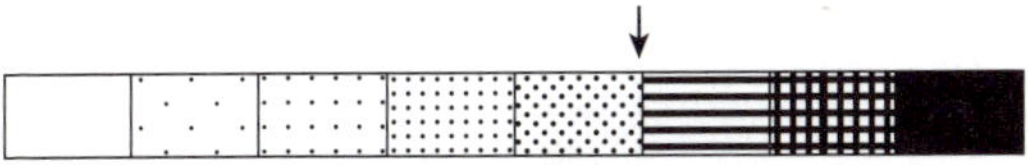

3. **Une progression de valeur peut être réalisée** en utilisant des trames à base de traits. La progression du clair au foncé se fait en combinant une progression de l'épaisseur des traits et une réduction de leur espacement. Les traits peuvent être verticaux ou obliques (45° à droite) :

– les traits horizontaux présentent l'inconvénient de barrer l'image, tandis que les traits inclinés vers la gauche la déstabilisent ;

– l'élément graphique constituant la trame ne doit pas être trop grand, afin d'éviter une gêne pour l'œil et de rendre le figuré inesthétique.

Réalisation d'une progression de valeur :

La progression du clair au foncé se construit en combinant une progression de l'épaisseur des traits et une réduction de leur espacement.

4. Lorsqu'il y a un équilibre entre les quantités de noir et de blanc (trame à 50 % de noir), l'œil hésite entre le blanc du fond et le noir qui exprime la forme. Cette hésitation crée un effet vibratoire qui donne une importance visuelle plus grande à ce palier. Cet « agacement » visuel peut être recherché dans certains cas, mais le plus souvent il est à éviter. (➔ **dossier 6**)

5. Les logiciels de cartographie proposent des niveaux de gris c'est-à-dire des trames étalonnées où le rapport noir/blanc est exprimé en pourcentage (N 0 à N 100). Il faut être vigilant sur la qualité du rendu de ce type de trame au moment de la reproduction (sortie imprimante, photocopie, impression). Pour certaines valeurs de gris (les plus fortes), les points des trames s'agglomèrent et le grisé devient trop foncé ou noir.

Pour réaliser une bonne équidistance visuelle, il faut tenir compte du fait que l'œil perçoit plus facilement les faibles différences dans les niveaux de gris clair. Pour les niveaux dans le gris-foncé, les différences doivent être accentuées.

D. Cas particulier d'une double variation ordonnée

C'est le cas d'une évolution avec des valeurs négatives et des valeurs positives (par exemple l'évolution de la population) d'un positionnement par rapport à une valeur de référence (indice 100, moyenne nationale…), certains paliers vont se situer au-dessous de cette valeur et d'autres au-dessus.

La progression doit-elle être unique, partant des valeurs négatives les plus fortes et allant jusqu'aux valeurs positives les plus élevées,

ou doit-on introduire une double progression de part et d'autre de la valeur de référence ?
C'est le rendu visuel qui apporte la réponse.

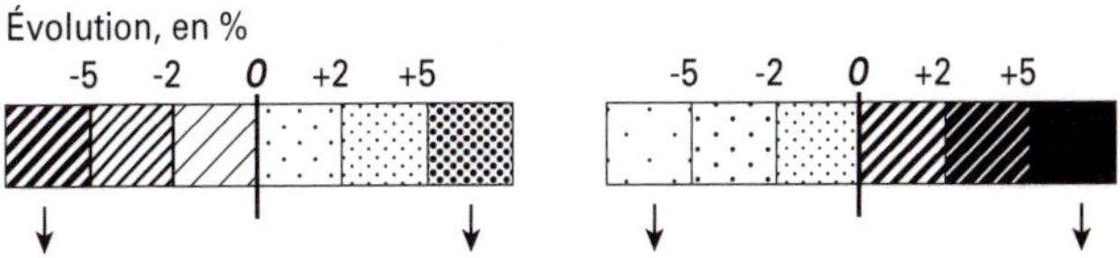

Deux situations opposées ont le même impact visuel : l'œil perçoit en premier la valeur, la variation points/traits est peu perceptible

Les situations opposées sont bien perçues comme opposées. La variation points/traits est visible dans un 2e temps

La valeur est bien une variable de l'image : l'image se crée sur l'ordre des valeurs, tandis que la forme et le grain sont des variables de séparation.
Nous allons voir que la réponse n'est pas la même lorsque la couleur est utilisée pour une double progression.

II. UTILISATION DE LA VARIABLE COULEUR

A. La valeur dans les couleurs

En tant que phénomène lié à la perception visuelle, la couleur est définie par trois paramètres : la nuance, la valeur et la saturation. La nuance (ou teinte) est liée à la longueur d'onde. La valeur fait référence à la clarté plus ou moins grande des couleurs (claires, foncées). La saturation a trait à l'intensité ou à l'éclat d'une couleur (ton pur).
J. Bertin écrit dans *Sémiologie graphique* : « On ne peut comprendre l'emploi des sensations colorées si en premier lieu on ne sépare pas de manière rigoureuse et définitive la notion de couleur de la notion de valeur. Ce sont deux sensations différentes, imbriquées par la nature des choses ». En tant que paramètres visuels, la nuance et la valeur jouent des rôles très différents.
Nous venons de voir que l'image se crée sur l'ordre des valeurs. C'est donc en construisant des **gammes sur la valeur des couleurs** que l'on parviendra à traduire une information ordonnée par la couleur.

L'ordre du blanc au noir est naturel, il s'impose visuellement. Lorsque le noir est remplacé par une couleur et que cette couleur se dégrade d'une intensité maximum jusqu'au blanc, la variable mise en œuvre est la valeur. Les gammes ainsi créées se nomment harmonie ton sur ton ou camaïeu. Les couleurs choisies pour ces harmonies sont des couleurs fortes dont le ton saturé se place à une valeur élevée. Le jaune ne peut guère se dégrader en camaïeu.

Chacune des cases du tableau est un **TON**.

Un ton est défini par deux paramètres : la **couleur**, avec les catégories violet, bleu, vert jaune, orangé, pourpre correspondant à la longueur d'onde et la **valeur**

Il existe dans chaque couleur, une valeur centrale pour laquelle la couleur n'apparait ni blanchie, ni salie. Dans cette valeur privilégiée la couleur est éclatante, c'est le **ton saturé**

Valeur	Violet	Bleu	Vert	Jaune	Orange	Rouge	Pourpre
Foncé	Violet •	Bleu foncé	Vert sombre	jaune très sali	Orange "noici"	Rouge sombre	Pourpre •
	Violet clair	Bleu •	Vert foncé	jaune très sali	Orange Foncé	Rouge •	Pourpre clair
	Violet très clair	Bleu clair	Vert •	jaune sali	Orange •	Rose soutenu	Pourpre très clair
Clair	Mauve	Bleu très clair	Vert clair	Jaune •	Orange clair	Rose	Parme

Couleur (longueurs d'onde)

• Le ton saturé varie de valeur selon la couleur

Cette constation est essentielle pour bien utiliser la couleur en cartographie

Les couleurs s'ordonnent de part et d'autre du jaune en deux gammes.

De part et d'autre du jaune, dans les deux gammes du spectre de décomposition de la lumière blanche, les couleurs s'ordonnent (ces deux gammes dessinent un V dans le tableau).

On distingue la gamme chaude : jaune, orange, rouge pourpre (ou marron) et la gamme froide : jaune, vert, bleu, violet. La gamme chaude est la plus facile à mettre en œuvre. Dans les deux cas, il faut partir d'un jaune très pâle pour pouvoir faire progresser à chaque palier la combinaison couleur et valeur.

Les cartes par plages de couleur ordonnées s'appellent des cartes choroplèthes* (➔ **dossier 15**). La couleur proprement dite n'est pas ordonnée. Lorsque la variation de valeur n'existe pas les couleurs ne se placent pas dans un ordre spontané. Attention à ne jamais traduire un ordre par des couleurs simplement différentes.

B. Une double progression en utilisant la couleur

L'opposition des couleurs chaudes et couleurs froides est particulièrement adaptée pour visualiser une évolution présentant des variations positives et négatives.

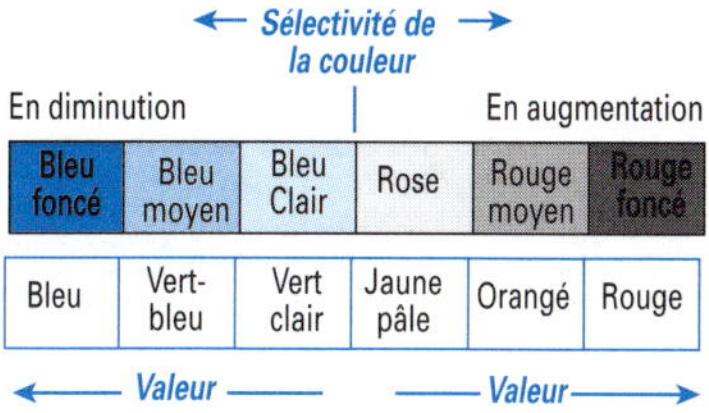

De part et d'autre du zéro (indiquant la stabilité), on opposera le bleu (ou une autre couleur froide) pour les évolutions négatives, au rouge (ou une autre couleur chaude) pour les évolutions positives.

L'opposition négatif/positif est transmise par la sélectivité de la couleur.

L'intensité des variations positives et négatives est rendue par la valeur : le bleu de plus en plus intense exprime une baisse de plus en plus forte, le rouge de plus en plus intense exprime une hausse de plus en plus forte. Les intensités de bleu et de rouge progressent parallèlement de part et d'autre du zéro central, afin que l'œil perçoive bien une double progression et non une mosaïque de couleurs. Un gris ou une couleur neutre de très faible valeur peut symboliser la stabilité.

III. UTILISATION DE LA TAILLE

La variation de valeur (et de couleur associée à la valeur) pour transcrire la relation d'ordre est efficace en implantation zonale. En revanche, c'est la taille qui impose l'ordre visuel dans les implantations ponctuelle et linéaire.

Les figurés ponctuels doivent être noircis. Si l'on emploie des signes évidés, la variation de taille n'est plus perçue qu'en terme de contour et il y a perte d'efficacité.

IV. UTILISATION DU GRAIN

Le grain correspond à la taille des éléments constitutifs de la trame. Sa variation n'implique pas que le rapport noir/blanc change.

La possibilité d'exprimer l'ordre par une variation de grain est contestable

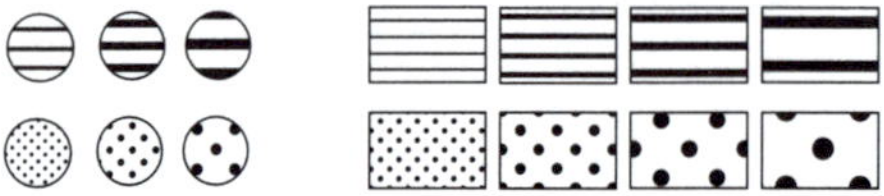

La variation de grain peut-elle être utilisée efficacement dans une double progression (en noir et blanc) ?

ÉVOLUTION DE LA POPULATION, PROJECTION 1990-2020

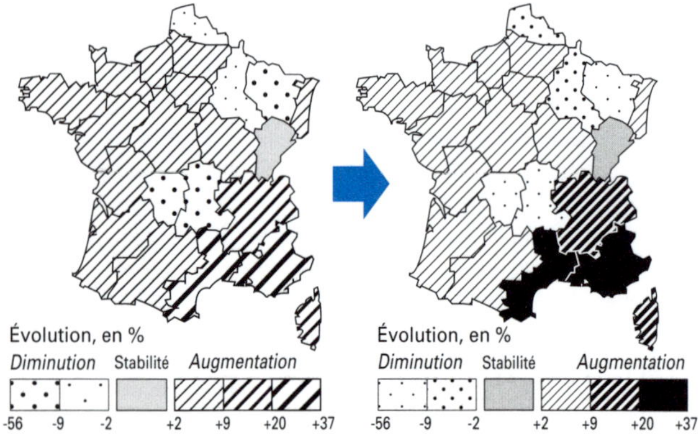

Le rendu est satisfaisant en légende. Sur la carte, l'œil ne perçoit cette notion d'ordre ou de classement que si les aires apparaissent ordonnées dans leur répartition géographique. Lorsque l'information est dispersée, c'est bien la notion de valeur qui domine, par conséquent des situations opposées prennent le même poids visuel. L'ordre des données est alors transcrit par un non-ordre visuel, autrement dit la réponse visuelle est fausse.

Utilisation de la variable valeur

Pour représenter un caractère ordonné en implantation zonale

Part des femmes dans l'emploi, 1996

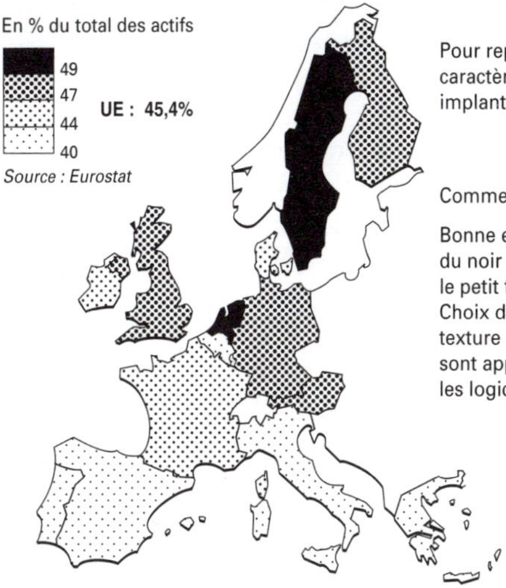

Commentaire de l'image:

Bonne efficacité visuelle du noir et blanc, malgré le petit format de la carte. Choix de trames dont la texture est visible (les trames sont appelées motifs dans les logiciels de dessin).

Taux de chomâge des femmes, 1996

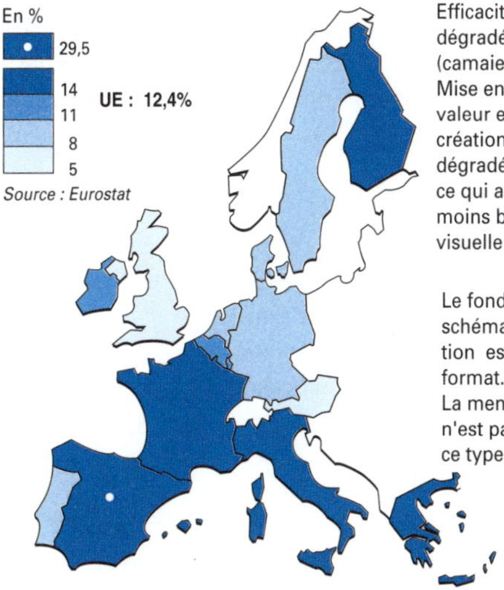

Efficacité moindre d'un dégradé dans une couleur (camaieu).
Mise en évidence d'une valeur exceptionnelle, sans création d'un niveau de dégradé supplémentaire, ce qui aurait entraîné une moins bonne différenciation visuelle entre les paliers.

Le fond de carte est schématisé, la généralisation est adaptée au petit format.
La mention de l'échelle n'est pas nécessaire pour ce type de carte

9. DÉCOUPAGE D'UNE SÉRIE STATISTIQUE EN CLASSES

Le classement des objets est déterminant dans l'analyse de l'information, dans sa compréhension et dans sa mémorisation.

Nous rappelons ici brièvement diverses méthodes de découpage d'une série statistique en classes, parmi les plus utilisées en cartographie.

Les méthodes de discrétisation* sont présentées dans l'ouvrage de Ph. Lahousse et V. Piedanna *L'outil statistique en géographie* (tome 1), 1998 Armand Colin, coll. Synthèse n° 43, dossiers 10 et 11, p. 68-88.

La discrétisation transforme une série de valeurs en un caractère ordonné, ce qui permet une représentation cartographique simple et efficace. Les différentes valeurs de la série ne sont pas représentées une à une, mais par groupes.

Selon la longueur et la distribution de la série statistique, on considère que le nombre de classes peut varier de 4 à 7. Une bonne transcription visuelle va de pair avec un nombre limité de classes, mais où placer les seuils pour conserver les regroupements géographiques pertinents et préserver les tendances spatiales, comment savoir si la mise en classes retenue fournit la meilleure présentation des données ?

A. Le diagramme de distribution : une méthode graphique

La **méthode des seuils observés** (ou seuils naturels) met en évidence les discontinuités dans la série statistique.

Chaque valeur est reportée par un point au-dessus d'un axe gradué de la valeur minimum à la valeur maximum. Les seuils sont placés entre les groupes de points. Les classes ainsi créées sont à la fois les plus homogènes possibles et les plus séparées des classes voisines.

Mais les effectifs des classes peuvent être très inégaux. On s'interroge alors sur la signification de telles discontinuités dans une série statistique courte. La méthode est souvent jugée très subjective.

B. Des méthodes statistiques ou mathématiques

a. Une méthode consiste à diviser la série en un nombre de classes comportant un nombre égal d'individus (effectifs égaux)

On obtient des classes à effectifs égaux en divisant l'effectif total de la série par le nombre total de classes souhaité.
Les classes ainsi établies s'appellent les quantiles*. Les plus employées sont les quartiles (un quart de l'effectif par classe) et les quintiles (un cinquième). Les quantiles en nombre impair permettent d'avoir une classe médiane*.
Cette méthode est basée sur le classement des individus et non sur les valeurs. Elle est souvent jugée peu satisfaisante parce qu'elle gomme toute référence à la forme de la distribution statistique. Elle donne bien sûr un résultat graphique très équilibré mais artificiel. Elle permet de comparer des classements d'individus à travers différents thèmes.

b. La méthode de la discrétion standardisée en utilisant la moyenne et l'écart-type est plus satisfaisante

L'amplitude des classes est ici déterminée par les valeurs de la moyenne et de l'écart-type de la distribution statistique étudiée. Les différentes observations de la série statistique sont classées selon leur écart à la moyenne, proportionnellement à l'écart-type (plus ou moins 1/2 écart-type, plus ou moins 1 écart-type etc.).
Cette méthode se réfère à des valeurs significatives de la série statistique (valeurs que l'on pourra mentionner en légende). Elle permet de comparer plusieurs cartes entre elles (collection de cartes) présentant des séries statistiques différentes.
La moyenne peut être un seuil, dans ce cas on a un nombre pair de classes (4 ou 6). La moyenne peut être aussi dans un palier central (correspondant à des valeurs proches de la moyenne), on a alors un nombre impair de classes (3, 5 ou 7).

c. Découpage en classes d'égales amplitudes

On considère l'étendue de la série de la plus petite valeur (minimum) à la plus grande (maximum) que l'on divise par le nombre de classes souhaité.
Cette méthode suppose une distribution statistique uniforme, sans discontinuités majeures ni valeurs exceptionnelles. Elle n'autorise guère la comparaison entre plusieurs cartes.

Dans le cas particulier où l'on veut comparer une information dans le temps en établissant des cartes à plusieurs dates, c'est la série statistique correspondant à l'ensemble qui doit être prise en compte pour la partition en classes.

TROIS IMAGES CARTOGRAPHIQUES
TROIS MÉTHODES DE DISCRÉTISATION

Tableau de chiffres – Revenu annuel moyen par contribuable 1999 en France métropolitaine

Valeurs repères – Maximun : Yvelines 21 033 euros
Minimum : Haute-Corse 10 372 euros
Moyenne : 14 168 euros

1- Les seuils observés

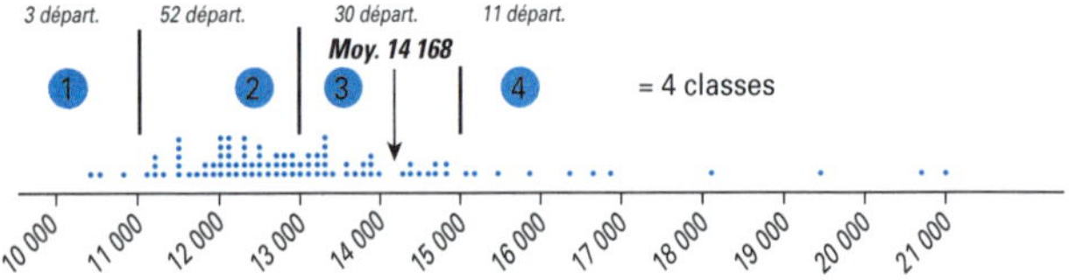

Le **diagramme de distribution** permet de visualiser les groupes de valeurs et les écarts entre ces groupes.

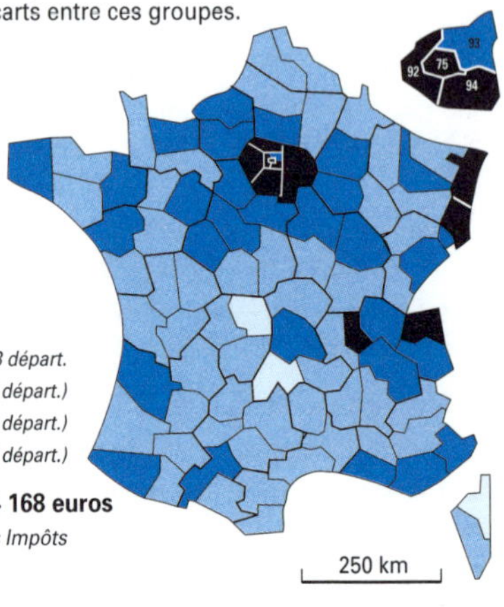

Revenu annuel imposable par contribuable

En euros

- Plus de 15 000 *(3 départ.*
- de 13 001 à 15 000 *(52 départ.)*
- de 11 000 à 13 000 *(30 départ.)*
- moins de 11 000 *(11 départ.)*

France métropolitaine : 14 168 euros

Source : Direction Générale des Impôts

2- En utilisant la moyenne et l'écart-type

Moyenne : 14 168

Écart-type : 1908

6 classes, amplitude entre les classes 1 écart-type

Revenu annuel imposable par contribuable

En euros

- de 19 892 à 21 033 *(2 départ.*
- de 17 984 à 19 892 *(2 départ.)*
- de 16 076 à 17 984 *(3 départ.)*
- de 14 168 à 16 076 *(13 départ.)*
- de12 260 à 14 168 *(45 départ.)*
- de 10 372 à 12 260 *(31 départ.)*

France métropolitaine : 14 168 euros

Source : Direction Générale des Impôts

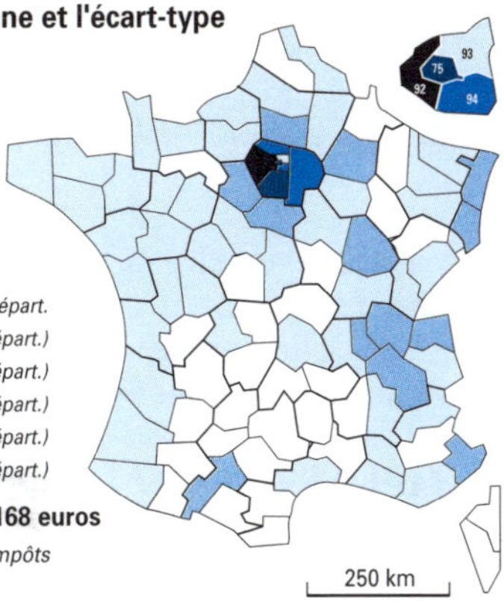

3- Effectifs égaux

96 départements,
5 classes : 19 individus par classe
(20 pour la dernière classe)

Revenu annuel imposable par contribuable

En euros

- de 14 300 à 21 033
- de 13 150 à 14 300
- de 12 460 à 13 150
- de 11 960 à 12 460
- de 10 372 à 11 960

France métropolitaine : 14 168 euros

Source : Direction Générale des Impôts

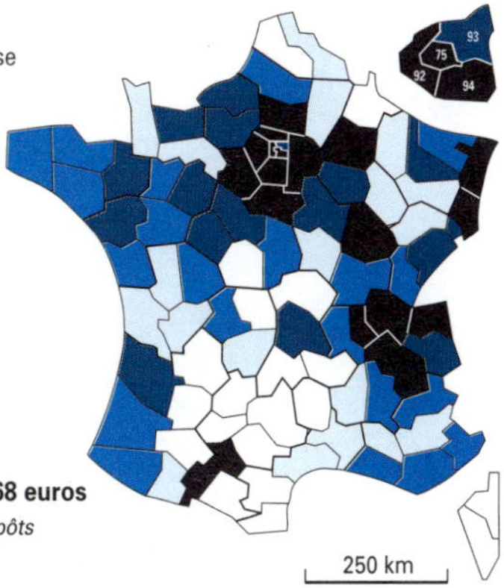

LE POINT SUR LE DÉCOUPAGE D'UNE SÉRIE STATISTIQUE EN CLASSES

Le choix entre les différentes méthodes se fait selon :
– l'allure de la série statistique (ordre de grandeur, forme de la distribution, existence de valeurs exceptionnelles) ;
– la carte à dresser qui peut-être soit une carte isolée, soit faire partie d'une collection de cartes.
La rapidité de réalisation d'une carte de ce type avec un logiciel de CAO* permet d'être très attentif au choix de la méthode de discrétisation préservant au mieux la géographie de l'information.

10. REPRÉSENTATION DU RAPPORT DE PROPORTIONNALITÉ

Seule la variable taille permet de transcrire des quantités absolues et d'exprimer des rapports numériques entre les phénomènes. C'est une variable très utilisée dans les représentations cartographiques, et constamment dans les constructions de graphiques.

I. EN IMPLANTATION PONCTUELLE

Lorsqu'une variable de taille s'applique à une donnée en localisation ponctuelle, on construit des figurés proportionnels.

A. Construction de cercles proportionnels

La variation de taille d'un cercle est dans la plupart des cas le moyen le plus efficace.

LES VILLES FRANÇAISES
DE PLUS DE 200 000 HABITANTS

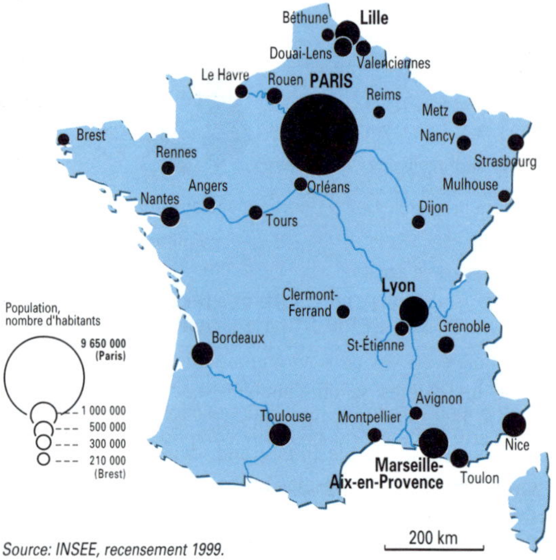

Source: INSEE, recensement 1999.

L'exemple présenté ci-contre permet de décrire les étapes de construction d'une variation de taille.
La localisation des villes sur le fond de carte est faite en se référant à un document fiable (carte d'atlas).

La série des effectifs de population est classée par ordre croissant ou décroissant.

Les unités urbaines de plus de 200 000 habitants

	Unité urbaine	Nb d'hab.		Unité urbaine	Nb d'hab.		Unité urbaine	Nb d'hab.
1	Paris	9 644 507	11	Strasbourg	427 245	21	Orléans	263 292
2	Marseille-Aix	1 349 772	12	Grenoble	419 334	22	Béthune	259 198
3	Lyon	1 348 832	13	Rouen	389 862	23	Clermont-Fd	258 541
4	Lille	1 000 900	14	Valenciennes	357 395	24	Avignon	253 580
5	Nice	888 784	15	Nancy	331 363	25	Le Havre	248 547
6	Toulouse	761 090	16	Metz	322 526	26	Dijon	236 953
7	Bordeaux	753 931	17	Tours	297 631	27	Mulhouse	234 445
8	Nantes	544 932	18	St-Étienne	291 960	28	Angers	226 843
9	Toulon	519 640	19	Montpellier	287 981	29	Reims	215 581
10	Douai-Lens	518 727	20	Rennes	272 263	30	Brest	210 055

Source: INSEE, recensement 1999. Définition 1999 des unités urbaines.

L'échelle de variation de taille est déterminée en considérant les quantités extrêmes (la plus petite et la plus grande), et surtout le rapport le plus contraignant entre la quantité à représenter et l'encombrement possible de la carte.
Dans cet exemple, Paris (9 644 500 hab.) peut être représenté par un cercle de 4 mm de rayon.
La surface des cercles est alors calculée pour tous les chiffres du tableau.

Calcul des rayons :

la surface des cercles est proportionnelle aux quantités $S = \pi r^2$

Choix d'échelle de taille :

Paris : 9 644 507
R = 5 mm

S = effectif (Paris, 9 644 507)
R = 5 mm
Rayon à calculer pour chaque effectif = $\sqrt{\frac{\text{Effectif} \times 5^2}{9\,644\,507}}$

Lorsque les cercles se chevauchent, on procède au détourage en conciliant les deux principes suivant : le cercle le plus petit reste entier et s'inscrit dans le plus grand, dans les chevauchements en série, on fait glisser les cercles les uns sous les autres dans le même sens. Le détourage ne doit pas être excessif afin que l'œil puisse naturellement reconstituer la partie manquante.

Le filet blanc ne diminue
pas la surface du petit cercle.
Cette surface est « réservée »
dans le plus grand.
Le cercle de réserve blanche
a un rayon de 0,4 à 0,8 mm de plus.

Il est parfois nécessaire d'agrandir une partie de la carte. L'information très dense de ce secteur est présentée clairement dans un carton (➔ **dossier 5**).

La légende doit permettre au lecteur d'attribuer un ordre de grandeur aux différents figurés présents sur la carte. Le plus souvent seules quelques tailles significatives de la série statistique figurent : le signe le plus petit, le signe le plus grand et des paliers intermédiaires bien choisis.
Les figurés sont alignés soit verticalement, soit horizontalement.
L'encombrement de la légende doit être optimisé par rapport à la taille de la carte (➔ **dossier 13**).
Les figurés portés en légende restent le plus souvent évidés pour ne pas créer une « masse visuelle » qui perturberait la mémorisation de l'image de la carte.

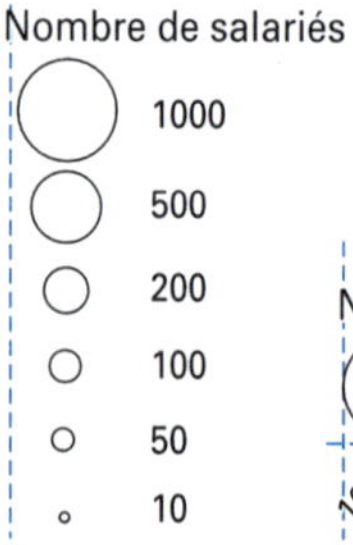

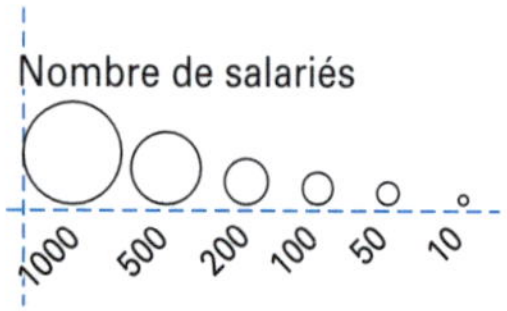

B. Construction de figurés proportionnels

Pour les carrés comme pour les cercles, la variation de taille correspond à une variation de surface.
En l'absence de possibilités de calcul, on peut utiliser des colonnes dont la hauteur est proportionnelle aux quantités. La construction ne nécessite que l'emploi d'une règle graduée ou l'utilisation de papier millimétré.

Carrés : *le côté est proportionnel à la racine carrée des quantités*

Q	Racine carrée
100	*10*
200	*14,14*
500	*22,36*
1000	*31,62*

L'ensemble des carrés est ensuite agrandi ou réduit.

Réduit à 25%

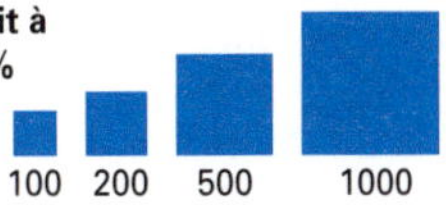

Cercles : *le rayon est égal à la racine carrée des quantités que divise π*

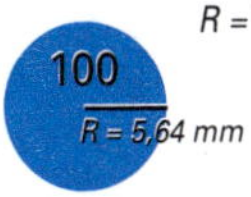

$$R = \sqrt{\frac{100}{3,14}}$$

Q	Rayon
100	*5,64*
200	*7,98*
500	*12,61*
1000	*17,85*

Réduit à 25%

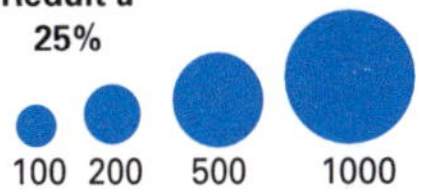

Soit les quantités :
1000, 500, 200, 100

Hauteurs proportionnelles

Les abaques sont des constructions graphiques qui permettent de « lire » les dimensions des rayons de cercles, des côtés de carrés ou de triangles au lieu de les calculer. Nous pouvons mentionner l'abaque de H. X. Lenz César dont le principe de construction et d'utilisation est présenté par B. Rouleau dans *Méthodes de la cartographie*, CNRS, 1991 (p. 105 à 109).

La construction d'un abaque en légende permet au lecteur d'évaluer les quantités correspondant aux signes dessinés sur la carte.

CONSTRUCTION D'UN ABAQUE EN LÉGENDE

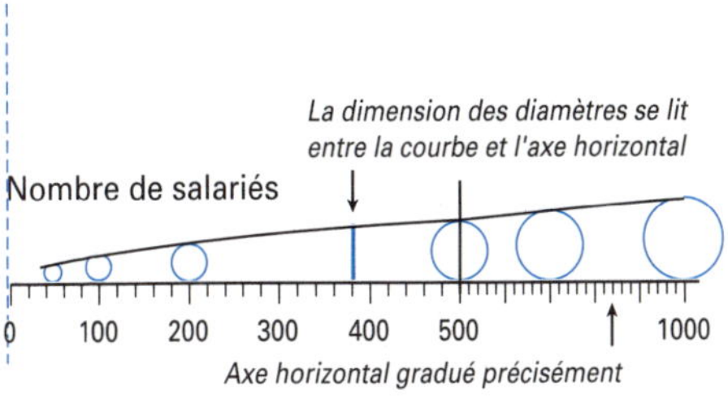

Si la série des valeurs numériques est très longue, l'abaque peut être construit par tranches
Dans cet exemple, l'abaque est présenté en deux tranches, de 0 à 500 et 500 à 1000

II. EN IMPLANTATION LINÉAIRE

Les quantités sont représentées par l'épaisseur du trait. Les cartes de flux et de réseaux mettent en œuvre la variation de taille en implantation linéaire (→ **dossier 14**).

EXEMPLE DE LÉGENDE D'UNE CARTE DE FLUX

Circulation moyenne journalière sur les routes nationales et autoroutes
Carte publiée annuellement par le ministère de l'Équipement (SETRA)

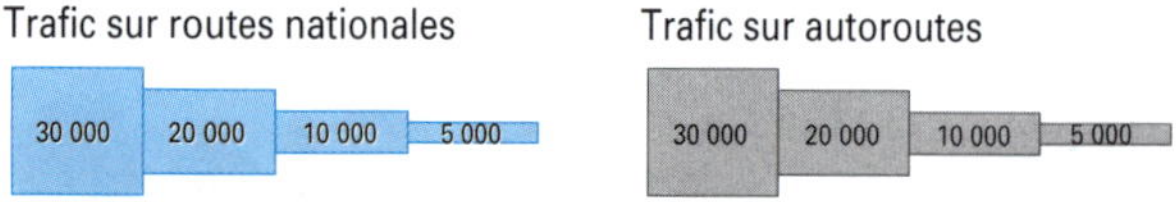

III. EN IMPLANTATION ZONALE

Il existe plusieurs possibilités pour représenter des quantités en implantation zonale. Il n'y a réellement qu'une seule méthode pour faire varier la taille de la zone, c'est l'**anamorphose***.
Avec les autres méthodes, c'est la taille ou le nombre de signes ponctuels qui transcrit la quantité.

A. Le figuré ponctuel proportionnel

Le figuré est positionné au centre de la zone (la zone est assimilée à son centre). Le principe de la construction est le même que celui présenté précédemment, en implantation ponctuelle. Ce mode de représentation est couramment utilisé.

B. Les unités accolées

Le principe de la construction est proche du cas précédent. Les effectifs sont représentés par des petits carrés juxtaposés et placés au centre de la zone. Chaque carré équivaut à un nombre donné d'individus. Le figuré ainsi créé a donc une certaine surface qui visualise la quantité, et les individus peuvent être comptés.

C. Le semis de points

Les points de valeur fixe sont répartis en disposition homogène sur toute la zone considérée. La taille et la valeur du point de base sont déterminées par la valeur la plus contraignante de la série statistique c'est-à-dire l'effectif le plus fort à porter dans l'aire la plus petite.

Cette construction exprime visuellement la notion de densité. Elle est d'autant plus adaptée qu'il existe des contrastes de densité entre les différentes unités spatiales. La population de chaque zone peut être comptée en multipliant la valeur du point par le nombre de points.

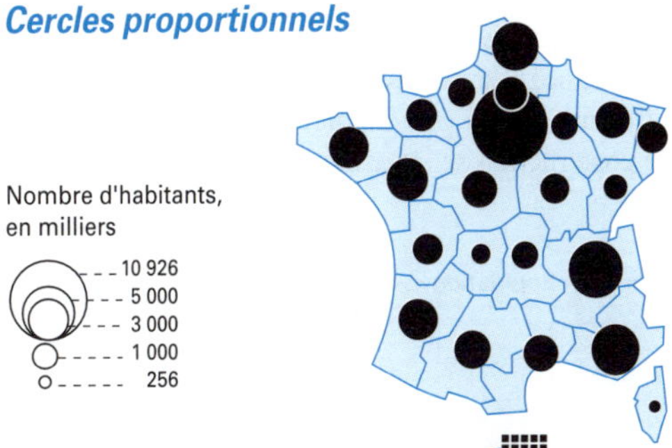

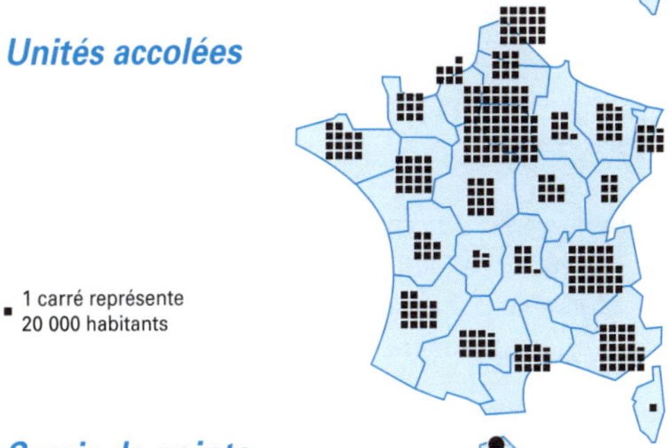

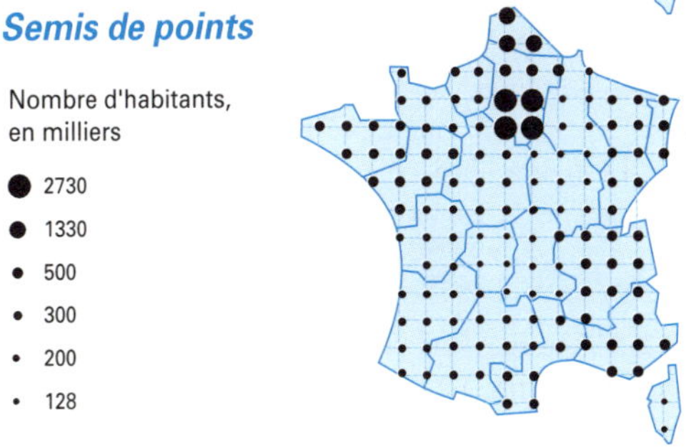

D. Les anamorphoses*

L'anamorphose est une construction tout à fait particulière dans laquelle le plan cesse d'être une composante strictement géographique. Les surfaces des unités spatiales deviennent proportionnelles aux quantités à représenter (nombre d'habitants, produit intérieur brut…). Certaines anamorphoses sont simples, les zones géographiques sont schématisées sous forme de polygones (généralement par des rectangles). La surface de chaque polygone est proportionnelle à la valeur de la donnée. La disposition d'ensemble tente de préserver au mieux l'identification géographique.

Ce type de construction se situe entre la carte et le graphique.

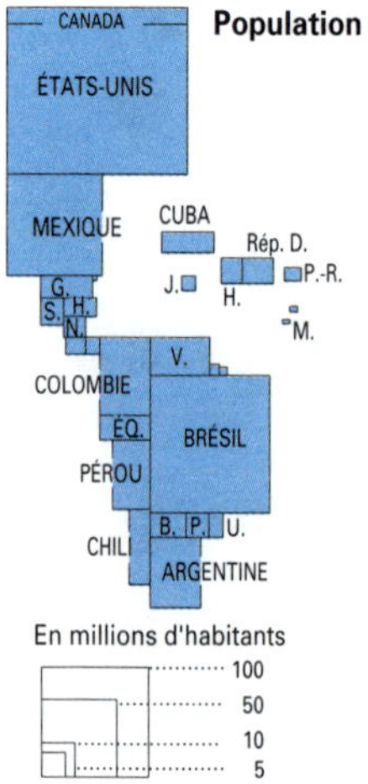

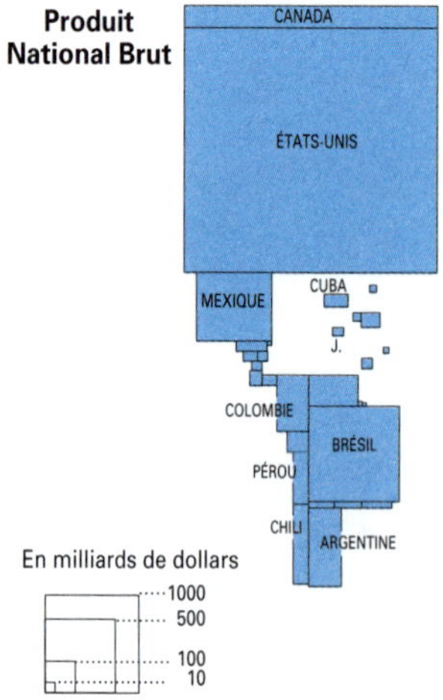

Les anamorphoses les plus complexes se construisent sur un maillage qui se contracte et se dilate suivant le thème représenté.

L'EUROPE FERROVIAIRE À L'HORIZON 2015

Cette anamorphose visualise le rétrécissement de l'espace temps opéré par le TGV

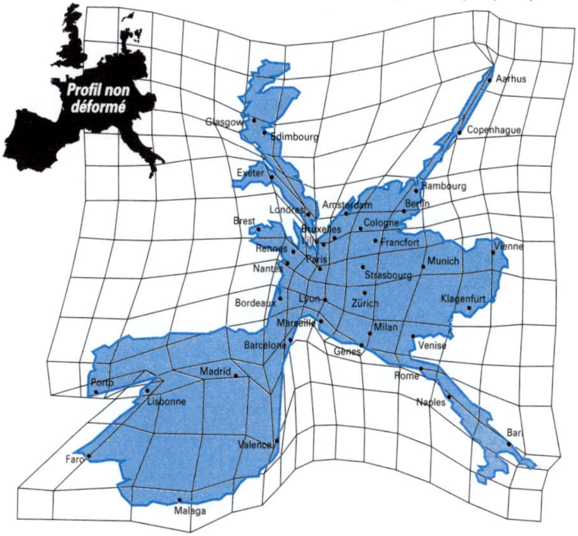

Données : matrice symétrique des temps de trajet. D'après C. Cauvin (Dessin original de A. Maurer - Programme Darcy conçu par W. Tobler et adapté par A. Serradj et D. Badariotti).

Les anamorphoses créent des images spectaculaires, parfois difficiles à interpréter. Elles n'autorisent plus une analyse élémentaire de l'information, mais en donnent une vision globale.
La complexité de calcul et de dessin limitait naguère la construction de ce type de carte. Maintenant les programmes informatiques en rendent la production aisée.

11. CORRESPONDANCE ENTRE LA NATURE DES DONNÉES ET LES PROPRIÉTÉS DES VARIABLES

I. L'EFFICACITÉ GRAPHIQUE

L'efficacité d'une solution graphique résulte d'une réelle correspondance entre les propriétés des données (composantes de l'information) et les propriétés de la variable visuelle qui les représentent. On ne peut percevoir un ordre si la variable n'est pas ordonnée. On ne peut percevoir un rapport de proportionnalité si la variable n'atteint pas le niveau quantitatif.

On utilise une variable qui n'exprime ni l'ordre, ni la quantité pour représenter un caractère qualitatif.

La longueur d'une variable est le nombre de possibilités de différenciation qu'elle permet. Ce nombre de possibilités varie selon l'implantation. Par exemple, la longueur de la valeur est de 6 à 7 en implantation zonale mais elle ne dépasse pas 3 en implantation linéaire.

Rappelons succinctement les propriétés des six variables visuelles :

– la variation de **taille** est quantitative. C'est la seule variable qui transcrit visuellement les quantités ;

– la variation de **valeur** est ordonnée, elle n'est pas quantitative ;

– la **couleur** est fortement sélective, mais cette sélectivité est fonction de la surface colorée. Si on prend en compte la valeur des couleurs, on peut obtenir une image ordonnée ;

– la variation de **forme** est associative, elle présente un caractère différentiel très limité, sa sélectivité est faible ;

– la variation de **grain** peut exprimer la sélection et l'ordre mais avec un nombre très restreint de possibilités ;

– la variation d'**orientation** se limite au niveau différentiel et à l'utilisation de quatre directions, avec une efficacité plus grande en implantation ponctuelle.

L'utilisation des variables visuelles est résumée dans le tableau ci-contre dans lequel on croise la nature et l'implantation du caractère à représenter :

	Implantation		
	ponctuelle	linéaire	zonale
Caractère différentiel Relation de différence ≠ ou d'association ≡	**FORME** Orientation Couleur Grain 	Forme Couleur 	**COULEUR** Forme (texture) 
Caractère ordonné Relation d'ordre O	**TAILLE** Couleur + Valeur Valeur 	**TAILLE** Couleur + Valeur Valeur 	**VALEUR** **COULEUR +** **VALEUR** Grain 
Caractère quantitatif Relation de proportionnalité **Q**	**TAILLE** 	**TAILLE** 	**TAILLE** Figurés ponctuels Points comptables Anamorphoses 3D ....

Les règles de construction d'une image cartographique sont donc peu nombreuses, mais strictes. Elles découlent tout simplement des propriétés de la perception visuelle.

II. CARTES À LIRE ET CARTES À VOIR

Toute information géographique se place dans un tableau à double entrée : les lignes (en Y) correspondent aux éléments géographiques (lieux), les colonnes (en X) aux caractères.

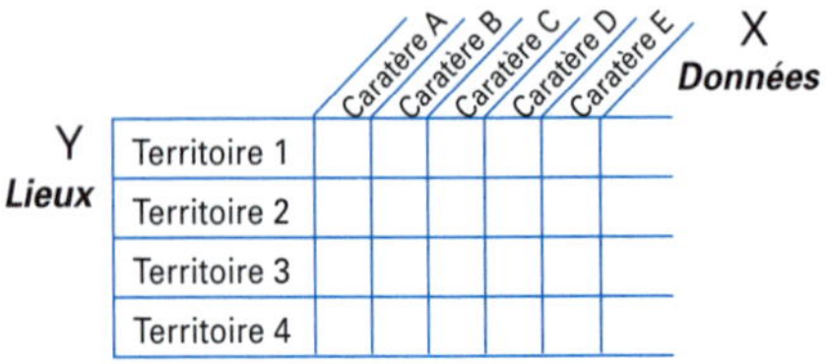

Quelles questions peut-on poser à ce tableau pour comprendre l'information sous-jacente aux données ?

La carte doit répondre aux deux questions de base qu'énonce le tableau. C'est son rôle de localisation et d'inventaire des données.

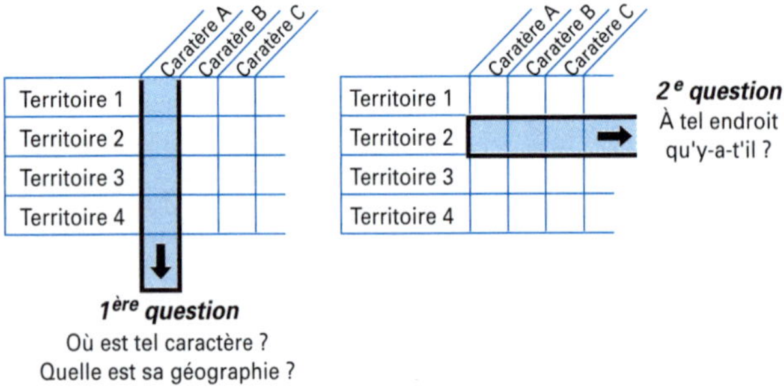

Une carte qui n'apporte pas une **réponse visuelle instantanée** à ces deux questions est mal construite. Si elle ne répond qu'à la première question — à tel endroit, qu'y a-t-il ? — elle est à « lire », autrement dit, l'information doit être déchiffrée point par point, décryptée, mais pas vue. Pour donner à voir l'information, une carte doit satisfaire les deux modes de questionnement.

La carte doit faire découvrir aussi les regroupements en X et en Y que les données construisent. C'est la visualisation de l'information.

En tant qu'image, la carte donne cette vision globale et immédiate de la structure des données.

Une carte à un caractère est aisée à concevoir (un tableau de données à une colonne). S'il n'y a pas d'erreur sur le choix de la variable visuelle, la carte répond aux deux questions de base du tableau à double entrée.

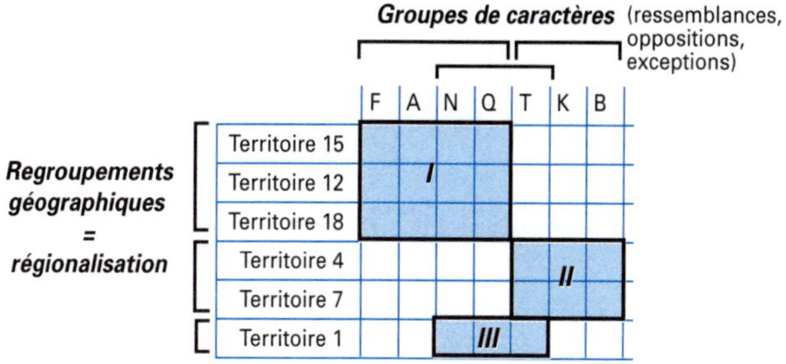

Quand plusieurs caractères sont transcrits sur une carte, la mise en évidence des groupes de caractères et des régionalisations est plus difficile. La représentation cartographique rencontre le problème de la superposition et de la sélectivité. Plusieurs solutions peuvent être envisagées :

– on construit une carte par caractère. La collection de cartes est ensuite classée. Le film cartographique produit par le défilement des cartes fait apparaître les contrastes spatiaux ;

– la superposition de caractères sur une même carte soulève le problème de sélectivité. Elle nécessite un travail graphique sur les figurés. L'efficacité graphique est plus grande, quand on associe les trois types d'implantations (points, lignes et zones). La carte de superposition peut être simplifiée, et même réduite à un schéma.

La présentation d'une collection de cartes (une carte par caractère) associée à une carte de synthèse (de superposition ou schématique) est souvent une très bonne solution. L'information est ainsi transmise au niveau du détail et au niveau global par des cartes à voir.

12. PRÉSENTATION ET LISIBILITÉ DU DOCUMENT

I. PRÉSENTATION DU DOCUMENT

L'habillage de la carte comprend les différents éléments nécessaires à sa présentation et à sa compréhension.
Au minimum il y a le titre, la légende, l'échelle auxquels peuvent s'ajouter d'autres indications : les sources, l'orientation (nord), les coordonnées géographiques et des cartons annexes.
La construction de la légende est présentée dans le dossier 13.

A. La mise en page

Les différents éléments se placent suivant des règles de mise en page qui guident le lecteur dans sa découverte du document. La mise en page correspond à un scénario dont les étapes du cheminement sont impérativement les suivantes :

1 – lecture du titre ;
2 – vision de la carte et appréhension de son message ;
3 – décodage de la légende ;
4 – lecture des informations annexes.

C'est par la taille et la place prise respectivement par chacun de ces éléments que l'image se structure et se mémorise.
La carte proprement dite est bien sûr l'essentiel du document. Elle s'impose par la place dominante et centrale qu'elle occupe. Sa taille doit être optimale en rapport avec l'information transmise et compte tenu du public visé. Une carte trop petite est difficile à lire et rebute, tandis qu'une carte trop grande disperse l'attention sans accrocher le regard du lecteur.
La notion de cadrage est déterminante pour l'équilibre du document. Le cadre fictif ou matérialisé par un trait fin sert à caler les différents éléments de l'habillage qui s'appuient sur des lignes horizontales et verticales (→ **dossier 13**).
Les espaces blancs laissés autour du cadre et si possible entre les diverses composantes du document aérent la mise en page.

Sans cadre

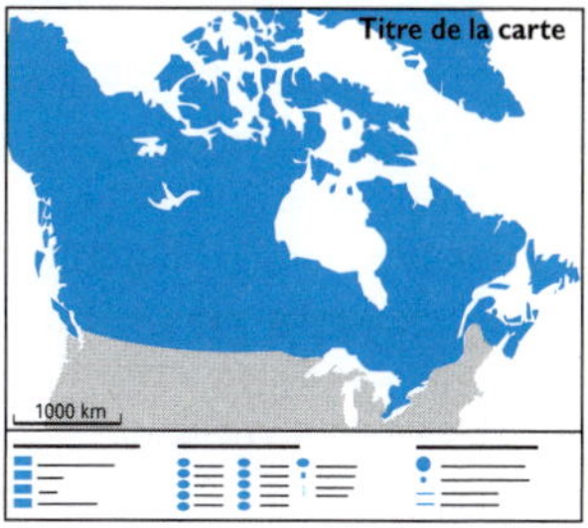

Avec cadre

Les mises en page sont de deux types :

– à la française, quand le document se place dans la largeur de la page avec la même orientation que le texte (mise en page qualifiée de « portrait » dans les logiciels) ;

– à l'italienne, quand le document se place dans le sens de la longueur de la page (mise en page qualifiée de « paysage » dans les logiciels).

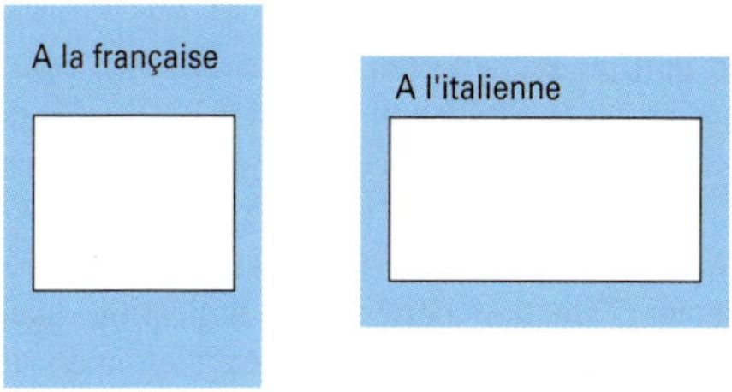

B. Le titre

C'est par le titre que le lecteur prend connaissance du sujet de la carte, c'est l'identifiant premier. L'expression, la place et l'écriture lui assurent ce rôle.

L'expression du titre se doit d'être particulièrement rigoureuse, à la fois précise et brève. Il peut être technique, explicite ou polémique, mais va à l'essentiel (ce qui doit être dit).

Le plus souvent, il prend place en haut du document. Il est écrit en caractères suffisamment grands et épais, mais pas disproportionnés par rapport à la carte.

C. La mention de l'échelle

Elle est indispensable et figure près du cadre de la carte ou à la fin de la légende, mais demeure discrète. Elle est portée sous la forme numérique, lorsqu'on est sûr que la carte ne sera ni réduite ni agrandie. Dans la majorité des cas, on dessine l'échelle graphique (→ **dossier 2**).
Il est inutile d'écrire « échelle » au-dessus de l'échelle graphique ou de l'échelle numérique.

D. Les sources

Il est primordial d'indiquer la source des données ayant servi à l'établissement de la carte. Cette indication est datée, il convient de préciser s'il s'agit de la date de collecte, de l'information ou de publication. L'indication rigoureuse des sources permet au lecteur d'apprécier la fiabilité du document, et de recourir aux données de base si nécessaire.
Les sources sont mentionnées discrètement, en général en bas du cadrage (avec une écriture fine parfois italique).

E. L'orientation

Le nord est indiqué par une flèche de préférence simple et discrète (attention aux logiciels qui offrent de multiples possibilités de dessins tous encombrants et compliqués qui chargent la carte).

L'orientation de la carte n'est pas à mentionner systématiquement. On doit porter cette indication quand le nord n'est pas « en haut » de la carte.

F. Les coordonnées géographiques

Elles sont portées sur les bords de la carte par un trait de quelques millimètres.

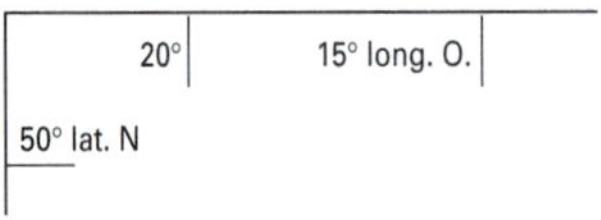

G. Les cartons

Un ou plusieurs cartons peuvent compléter la carte principale. Le plus souvent une partie de la carte est agrandie (zoom), là où le phénomène cartographié est le plus dense. L'espace présenté dans le carton est inséré dans la carte principale et délimité par un cadre fin. L'information du carton n'est pas ôtée de la carte, la difficulté à la lire dans la zone géographiquement très dense appelle naturellement le zoom (→ **dossier 5**).

Les figurés employés dans le carton sont ceux de la carte et restent à la même échelle. Le carton n'a pas de légende spécifique. En revanche, il est indispensable de lui donner un titre et de mentionner son échelle.

Parfois, à l'inverse le carton sert à localiser. La carte dans son entier y figure sous une forme très réduite et elle est intégrée dans un champ élargi (carton de localisation).

II. LES ÉCRITURES DE LA CARTE

Par leur choix et leur placement **les écritures participent au message graphique**. Elles doivent exprimer la relation spatiale, c'est à dire la place de l'objet et éventuellement sa forme. Un même type de lettre désigne les objets d'une même famille. La lettre varie de dimension et d'épaisseur en fonction de l'importance de l'objet nommé. Afin que la hiérarchie visuelle du message soit respectée, plusieurs niveaux de lecture sont à créer, avec mise en évidence de points forts par une écriture bien noire qui émerge par la taille et la graisse de la lettre. À l'inverse, le repérage sur le fond de carte d'éléments simples de localisation requiert une écriture presque transparente avec de la lettre fine et étroite.

a. De nombreuses déclinaisons sont disponibles pour hiérarchiser et différencier la nomenclature

La variation de couleur de la lettre peut être introduite, mais son utilisation est délicate et d'un intérêt limité. Il ne faut pas mettre en couleur des écritures fines, ni choisir des couleurs pâles. On réservera la couleur à une écriture « forte » (taille et graisse) pour repérer un phénomène particulier sur la carte.

Polices ou **famille de caractères**	*Lettres bâton* Univers Helvetica Gill Sans *Lettres à empattement* Times Garamond
Forme du caractère	MAJUSCULES ou CAPITALES PARIS minuscules ou bas de casse Brest
Corps *= la taille c'est à dire la hauteur de la lettre*	*Le corps s'exprine en point ou en mm* C 8 ABCDEF abcdefgh Paris C14 ABCD abcdef Paris
Inclinaison	droite = romain Paris *penchée = italique* *Rhône*
Graisse	*L'épaisseur de la lettre* maigre ABCDEF abcdef Quimper **gras ABCDEF abcdef Brest**
Étroitisation	*Largeur de la lettre* étroite ABCDEF abcdef Crozon normal ABCDEF abcdef Douarnenez large ABCDEF abcdef Brest

Le « noir au blanc » est aussi un moyen de mettre en évidence une partie de la nomenclature.
Pour mettre en valeur certains noms, il est préférable d'augmenter la densité visuelle, en jouant sur le corps et la graisse, que de souligner la lettre.

Foyer du Nord-ouest ***Foyer du Nord-ouest***

Situation exceptionnelle ***Situation exceptionnelle***

Agglomération lyonnaise → ***Agglomération lyonnaise***

Les écritures doivent être sobres, avec des types de caractère en nombre réduit.

b. Le placement des noms doit permettre une identification des lieux sans ambiguïté

On distingue le placement de position (horizontalement) et le placement à disposition (sur une ligne courbe).

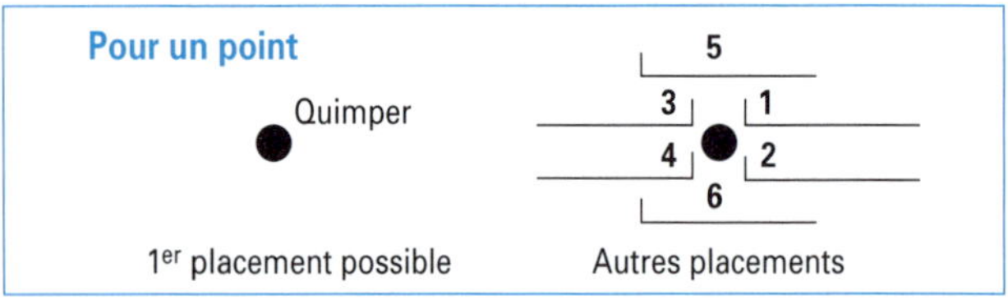

Pour une surface

Le nom est placé horizontalement

ou selon l'axe le plus grand de la forme

La lettre souligne la forme géographique

Pour une ligne

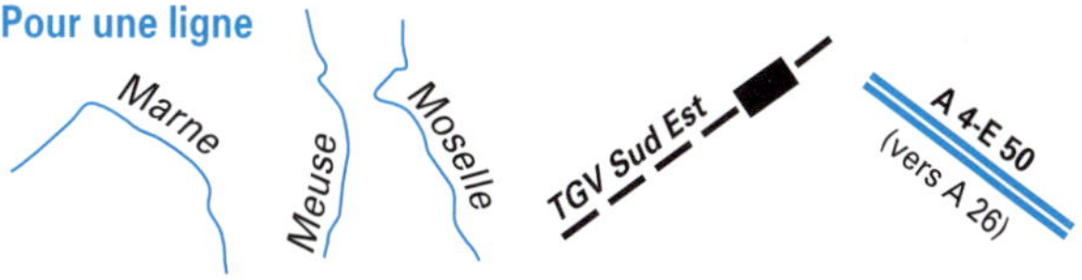

Le nom est mis en disposition le long de la ligne, en montant pour la partie gauche de la carte, en descendant pour la partie droite

La disposition des écritures respecte le sens de la lecture. Le lecteur doit pouvoir lire confortablement le document sans tourner exagérément la tête.

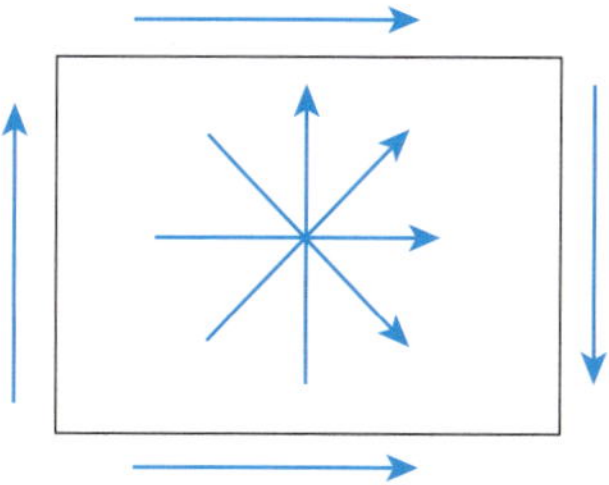

Les noms écrits verticalement ou inclinés sont écrits :

- de bas en haut sur la partie gauche du document
- de haut en bas sur la partie droite.

Le travail de placement de la lettre doit aboutir à un ensemble clair et harmonieux.

III. LISIBILITÉ ET HIÉRARCHIE VISUELLE

Au-delà du respect des règles de base sur l'utilisation des variables visuelles, un travail sur la lisibilité est indispensable pour parvenir à créer une image forte capable de transmettre l'information.
Une bonne lisibilité repose sur la densité graphique (poids visuel), la différenciation des éléments (bonne perception des figurés) et la hiérarchie visuelle.

A. Densité graphique

Le poids du noir (ou l'intensité des couleurs) détermine la prégnance de l'image.
Pour toute carte, l'équilibre visuel est à rechercher. Un document trop blanc ou trop pâle est sans accroche pour l'œil, à l'inverse un document trop noir, trop fort visuellement, « plombe » la vision.
La densité graphique optimale est celle qui crée une harmonie telle que l'œil se concentre spontanément sur l'information à visualiser, sur le contenu de la carte.
La notion de densité graphique est difficile à quantifier. À l'expérience, la lisibilité est optimale lorsque la quantité totale de noir varie entre 5 et 10 % de la surface de la carte, tous signes confondus. Pour une carte complexe, une construction satisfaisante s'obtient après des essais successifs.

B. Séparation visuelle

Les figurés dessinés sur la carte sont nettement différenciés. Afin de transcrire oppositions et apparentements, il faut rechercher les écarts visuels optimaux et éliminer les éléments qui créent des sensations parasites. Toute confusion doit être traquée.
La séparation entre le fond de carte et l'information représentée est primordiale. Elle est assurée principalement par une bonne généralisation du fond de carte et par un dessin à la fois précis, sobre et discret.

C. Hiérarchie visuelle

La hiérarchisation est indispensable pour bien transmettre l'information.

Dans le cas d'une carte simple (à un caractère), il y a deux niveaux de lecture : au premier plan la donnée et en arrière-plan le fond de carte.

Pour des cartes complexes, d'autres niveaux visuels sont créés qui sont repérés successivement après la découverte de l'idée force du message qui « saute aux yeux ». Le cartographe organise les différentes informations en plans de lecture. La lecture attentive s'achève avec le déchiffrage des informations annexes.

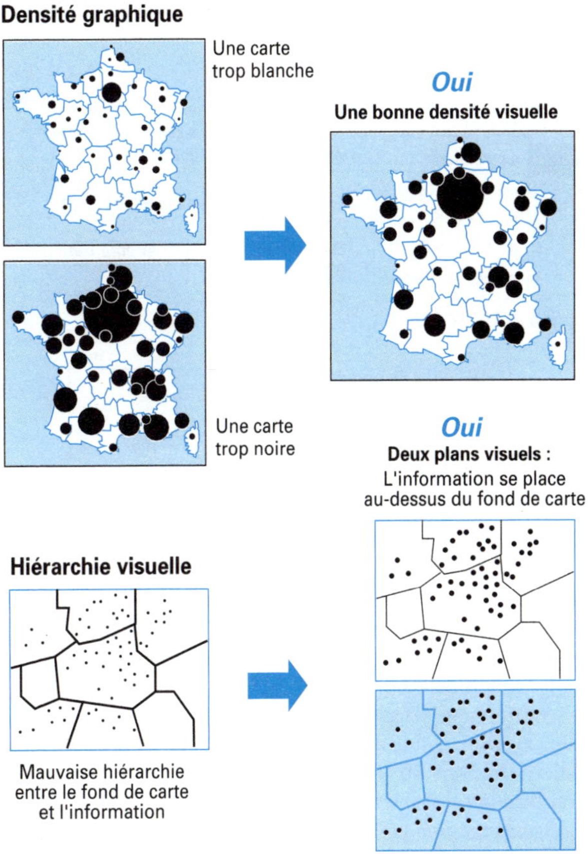

13. LA LÉGENDE

Le message de la carte parvient au lecteur avant tout déchiffrage de la légende. La lecture de la légende sert à décoder la construction de la carte. Elle constitue un ensemble clairement identifiable, de dimension ni trop discrète ni trop envahissante, afin que l'image géographique de la carte ne soit pas perturbée par le poids visuel de la légende.

I. LÉGENDE DES CARTES STATISTIQUES

C'est le cas le plus simple.

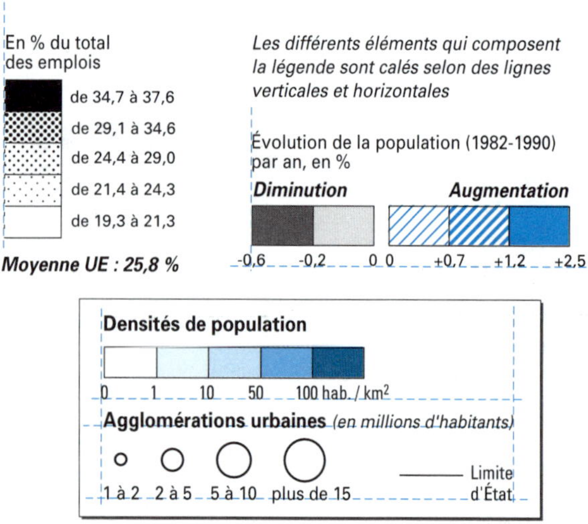

L'intitulé de la légende, différent du titre de la carte, se cale sur le bord gauche de la colonne de caissons.

Les unités de mesure sont explicitées clairement (milliers de tonnes, nombre d'habitants au km^2).

Les chiffres sont placés au droit de chaque caisson et calés verticalement. On réduit le nombre de zéros afin de favoriser la mémorisation. On porte 10, 100 et 1 000 en signalant dans l'intitulé de la rubrique qu'il s'agit de milliers.

Les figurés qui font partie des lieux communs ne sont pas décodés en légende.

II. LÉGENDE DE CARTES COMPLEXES

Dans le cas de cartes complexes, la présentation rigoureuse et esthétique de la légende est essentielle pour la lisibilité de l'ensemble du document. La légende est placée dans un cadre.

Les différents thèmes de la légende sont présentés et classés dans un ordre qui respecte la problématique du sujet. Chaque rubrique porte un titre mis en évidence (lettre plus dense).

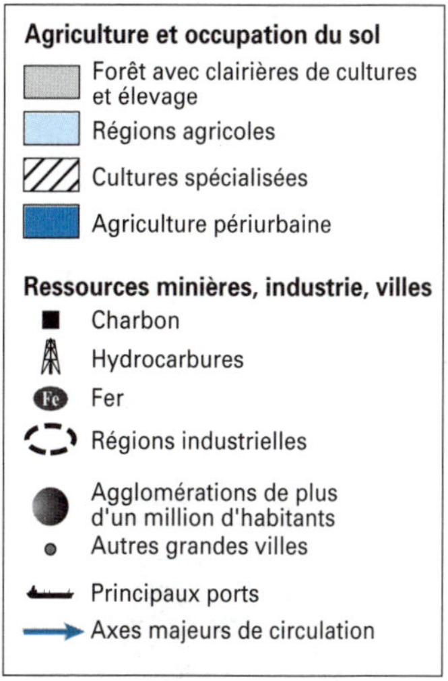

➡ La légende est organisée en rubriques

Les thèmes sont classés. Cet exemple présente une progression dans l'intensité de l'emprise humaine.

À des types de phénomènes correspondent des types de figurés : la présentation de la légende met en évidence cette construction :
- plages de couleurs pour le thème occupation du sol
- figurés ponctuels pour les ressources minières, les villes, les ports
- figurés linéaires pour les axes de communication.

Un tableau de chiffres ou une construction graphique peuvent servir de légende notamment pour les typologies.

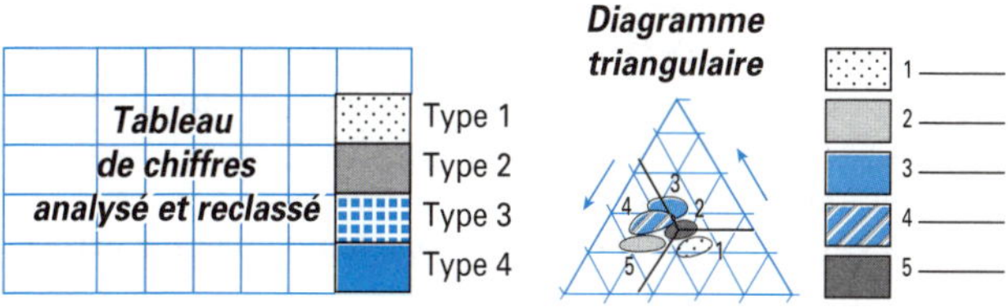

14. QUELQUES MODES DE REPRÉSENTATIONS CARTOGRAPHIQUES

I. CARTES EN ISOLIGNES

À partir de mesures ponctuelles (points cotés), on crée des isolignes* reliant les points où la variable a la même valeur. Les isolignes délimitent des paliers d'égale valeur (isométriques) qui se succèdent dans un ordre croissant et continu. Ces cartes correspondent à des représentations « en relief ».

UNE CARTE ISOPLÈTHE*

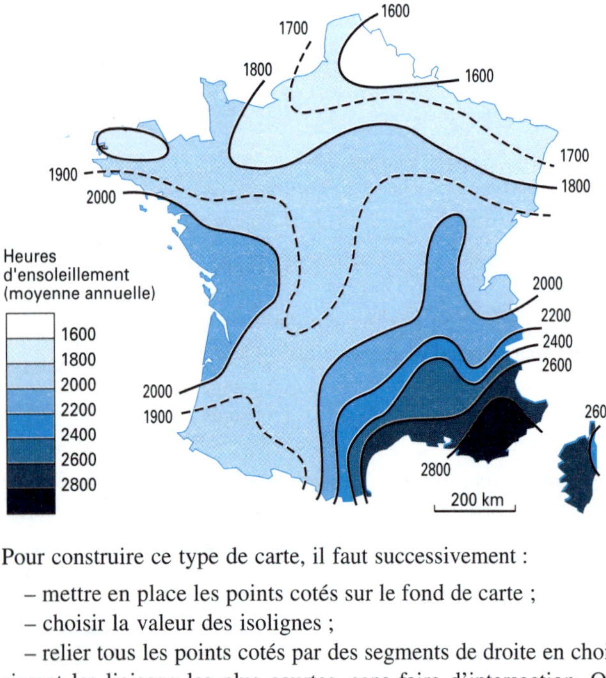

Pour construire ce type de carte, il faut successivement :

– mettre en place les points cotés sur le fond de carte ;

– choisir la valeur des isolignes ;

– relier tous les points cotés par des segments de droite en choisissant les liaisons les plus courtes, sans faire d'intersection. On obtient ainsi une triangulation ;

– calculer le passage des isolignes sur les segments de droite : une courbe passe entre deux points cotés à une distance proportionnelle aux écarts des valeurs entre ses deux points et la valeur de la courbe ;

– tracer ensuite les isolignes.

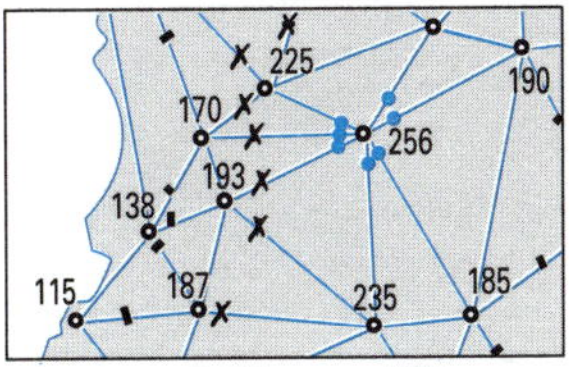

▮ 150 ✗ 200 • 250

Placement des valeurs correspondant aux *isolignes à dessiner* à partir des points cotés

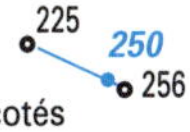

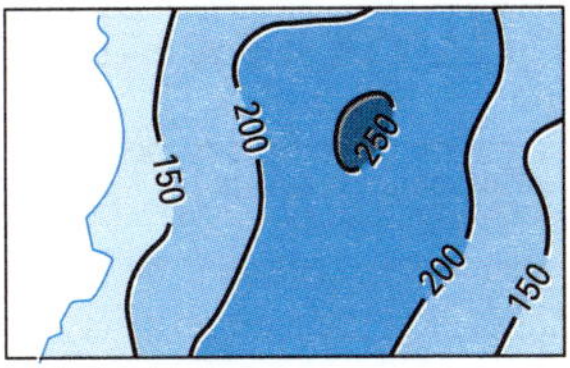

Longueur du segment : 7,7 mm

256-225 = 31 256-*250* = 6

$$\frac{7,7 \text{ mm} \times 6}{31} = 1,5 \text{ mm}$$

On peut choisir de laisser la carte en isolignes. Les courbes sont alors chiffrées. On applique la règle de la chiffraison des courbes de niveau, les chiffres sont tournés vers le haut du « relief ». On peut teinter les aires formées entre les courbes de niveau en utilisant une gamme ordonnée de couleurs (cartes isoplèthes).

II. CARTES DE RÉPARTITION PAR POINTS

Les cartes par points représentent classiquement la distribution spatiale d'une population, la répartition et la densité.

A. Tous les points sont identiques et ils ont la même valeur (points de valeur fixe)

Le point peut représenter un phénomène unitaire. Cette carte donne à voir et localise tous les représentants d'une catégorie d'équipements, de monuments, de sites ou d'événements, qui ont lieu dans l'étendue cartographiée : cinémas, châteaux, volcans, foires, accidents de la route… C'est la carte d'inventaire.

Le point peut représenter une quantité définie quand l'objet cartographié se dénombre ou se mesure sur chaque lieu : 500 habitants, 250 têtes de bétail, 100 hectares de blé…

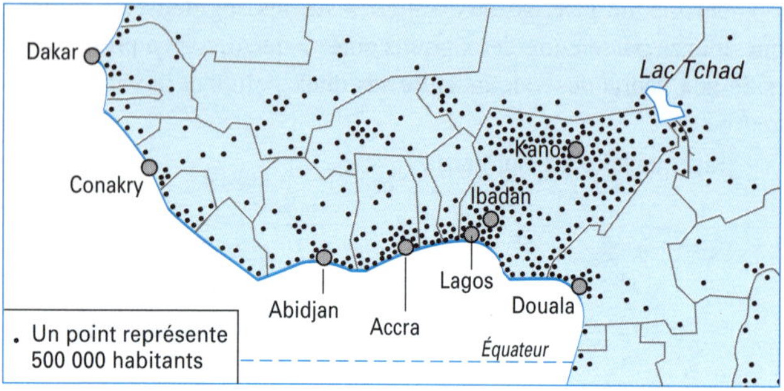

Le fond de carte pour la préparation du document comporte les divisions administratives ou les mailles du relevé statistique. Ce découpage n'est pas conservé dans le document définitif, il sert à positionner les points.

Plus la valeur numérique du point est faible, plus l'expression de la distribution du peuplement est précise. Le choix se fait en fonction de la contrainte maximum : la plus petite zone (le moins de place disponible sur la carte) et la plus forte concentration d'individus.

La taille du point est comprise entre 0,5 mm et 3 mm.

Dans chaque unité administrative, tous les points doivent trouver place. Ils sont visibles, ne se chevauchent pas et sont comptables.

La carte de ce type est toujours préparée sur un fond à plus grande échelle (5 à 10 fois plus grand que le dessin définitif).

B. On peut utiliser une gamme de points différenciés

La gamme comporte trois ou quatre points de taille et de valeur différentes.

Cette différenciation permet d'affiner et de mieux percevoir les contrastes de densité. Ainsi, on parvient à représenter à la fois la

population concentrée dans des espaces limités (agglomérations) et le peuplement clairsemé et diffus (zones rurales), tout en restituant les formes des distributions géographiques.

III. CARTES EN BANDES ALTERNÉES

Elles sont utilisées pour représenter un caractère à plusieurs composantes en implantation zonale. Une carte par bandes alternées est toujours construite à partir de données exprimées en pourcentage.

Le système des bandes alternées est employé principalement dans les cartes d'utilisation du sol et de structure de population. En fait, il convient quand on veut représenter la transcription d'une structure dans un espace.

La représentation par bandes permet de transcrire soit la structure d'un caractère, soit une situation de spécialisation ou de spécificité par rapport à un profil moyen.

A. Représentation de la structure d'un caractère

À l'intérieur d'une bande, que l'on appellera bande de référence (ou période) dont la largeur correspond à 100 % du caractère, chaque composante est représentée par une petite bande dont la largeur indique son importance relative.

L'espace cartographié est couvert par une succession de bandes dont la largeur correspond à la période.

Les bandes verticales se succèdent de gauche à droite, sur l'ensemble des zones à cartographier. Par commodité, on pourra donner à la bande de référence une largeur de 10 mm, à condition que cette bande s'inscrive au moins une fois dans la zone la plus étroite du fond de carte.

Dans chaque zone, la bande de référence est fractionnée en autant de bandes qu'il y a de composantes dont la valeur est exprimée en pourcentage. Le figuré qui compose la période se répète et se déroule sur toute la largeur de la zone. Il commence et s'achève souvent à l'intérieur d'une période.

Le travail s'effectue ainsi dans toutes les unités spatiales de la carte.

RÉPARTITION DE L'EMPLOI DANS LES INDUSTRIES AGRO-ALIMENTAIRES (IAA)

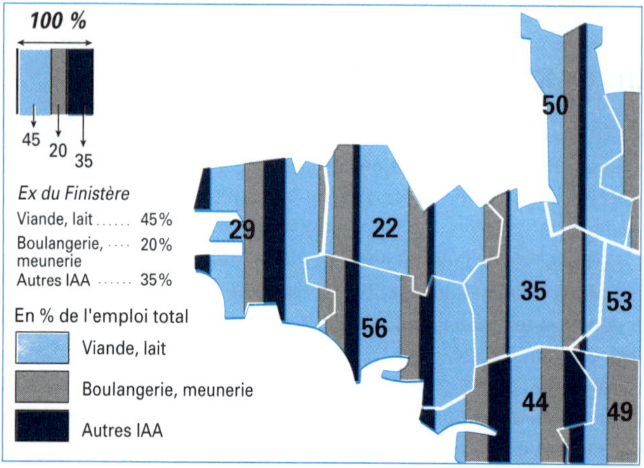

Extrait de LE GRAND ATLAS DE LA FRANCE RURALE, Éd. JP de Monza. 1989.

On attribue une couleur à chaque modalité du caractère en ayant soin de prendre des couleurs différenciées.

Ce système de représentation est satisfaisant lorsque le nombre des composantes du caractère n'est pas trop élevé (5 à 6 au maximum) et que l'importance relative de chacune est équilibrée.

Il est nécessaire pour un bon rendu visuel que la structure du caractère soit suffisamment contrastée d'une zone à l'autre et que cette structure évolue progressivement dans l'espace cartographié.

À partir de ce système, on a imaginé un système de représentation plus schématique, en ne retenant dans chaque unité spatiale que les trois modalités les plus importantes. On ne retient que le rang et pas la valeur des modalités. La bande de référence est alors divisée en six bandes égales :

- trois sont affectées à la modalité de rang un ;
- deux à la modalité de rang deux ;
- une à la modalité de rang trois.

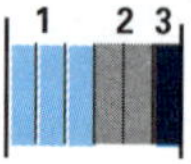

La période est donc de six bandes égales, elle pourra mesurer 12 mm de largeur ce qui fait 2 mm pour chaque bande.

B. Représentation d'une spécialisation, d'un écart par rapport à une situation moyenne

La spécialisation est mise en évidence par les écarts positifs à la moyenne. Pour chaque modalité, on calcule la moyenne et l'écart-type, puis on détermine le nombre de classes de spécialisation, au-dessus de la moyenne (2 ou 3 classes).
À chaque classe de spécialisation correspond un nombre de bandes. Par exemple, dans le cas de trois paliers au-dessus des valeurs moyennes on affectera :

- trois bandes pour la surreprésentation accentuée ;
- deux bandes pour la surreprésentation moyenne ;
- une bande pour la surreprésentation faible.

Dans tous les cas, le canevas de bandes porté sur la carte consiste en la répétition de périodes. On attribue une couleur à chaque modalité. Si l'unité spatiale ne présente pas de surreprésentation pour une ou plusieurs modalités, la structure du caractère est proche du profil moyen, une couleur neutre (jaune pâle, gris clair) est portée sur les bandes restantes de la période.

LES SPÉCIFICITÉS RÉGIONALES

Dans chaque région, la surreprésentation est visualisée par un système de bandes.
Le nombre de bandes correspond au nombre d'écarts-type à la moyenne UE.

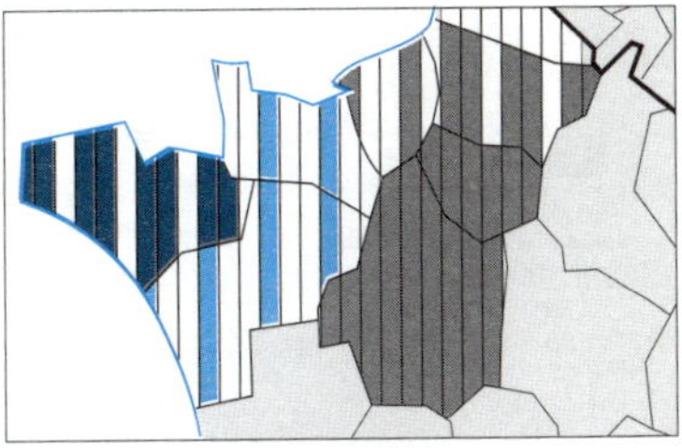

Exemple pour trois productions et quelques régions :

Céréales (UE: 21,4%)
- 21,4 à 31,1
- 31,2 à 40,9
- plus de 40,9

Bovins (UE: 23,8%)
- 23,8 à 33,9
- 34,0 à 44,1
- plus de 44,1

Porcs, volailles (UE: 22%)
- 22,0 à 31,2
- 31,3 à 40,5
- plus de 40,5

Extrait de LE GRAND ATLAS DE LA FRANCE RURALE, Éd. JP de Monza. 1989.

C. Le cas particulier d'un caractère à trois modalités : utilisation du diagramme triangulaire

Lorsqu'un caractère est décrit par trois modalités, on peut utiliser le diagramme triangulaire pour traiter graphiquement l'information, avant de la représenter dans un système de bandes alternées. La structure d'une population répartie entre jeunes, adultes et personnes âgées, celle de la population active distribuée dans les secteurs primaire, secondaire et tertiaire, se prêtent à l'exercice. On peut en imaginer d'autres. Il suffit que le caractère comporte trois composantes et que leurs valeurs soient exprimées en pourcentage.

Pour réaliser un diagramme triangulaire :

– on affecte à chacune des modalités un côté du triangle gradué de 0 à 100 % et on positionne dans le diagramme les points correspondant à chaque unité géographique (en prenant soin de les identifier) ;

– pour chaque modalité, on dessine les droites qui indiquent la moyenne, et de part et d'autre de ces droites, on repère les écarts significatifs (demi-écart-type ou écart-type) ;

– ces droites, moyennes et écarts au-dessus et en dessous, déterminent un polygone dans lequel les valeurs sont pour les trois modalités comprises entre la moyenne et plus ou moins un écart à la moyenne : c'est le **profil moyen**. En dehors de ce polygone, apparaissent des secteurs au **profil spécifique** ;

– pour chacune des modalités, on considère deux niveaux de surreprésentation : une, accentuée au-delà de la moyenne et d'un écart à la moyenne, et une, plus faible, comprise entre la moyenne et l'écart à la moyenne.

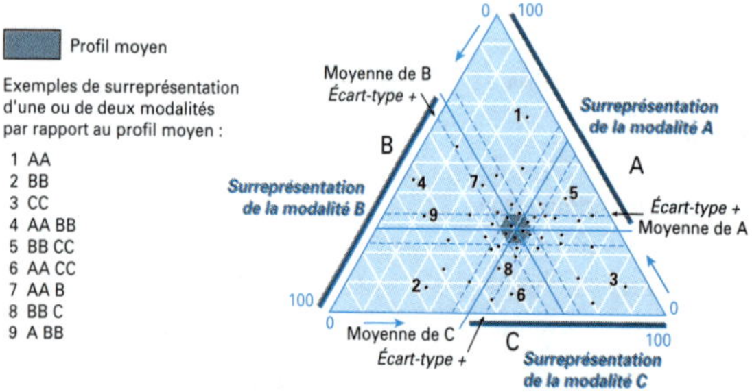

Transcription cartographique :

– chaque modalité est représentée par une couleur ;

– une surreprésentation forte de la modalité est visualisée par deux bandes, une surreprésentation plus faible par une seule bande ;

– à chaque secteur du diagramme correspond un agencement de bandes.

La carte se réalise comme les autres cartes en systèmes par bandes.

IV. CARTES DE FLUX ET DE RÉSEAUX

Les cartes de flux sont la représentation de données quantitatives en implantation linéaire. Elles mettent en œuvre la variable taille. Le flux peut s'appuyer sur un réseau matérialisé tel qu'une infrastructure routière, un réseau d'oléoducs… ou au contraire s'affranchir de tout trajet réel pour représenter des échanges pétroliers, des migrations de population, des déplacements entre résidence et lieu de travail. On parle alors de flux immatériels.
La construction des cartes de flux est délicate. Le dessin des figurés, même avec un logiciel de dessin performant, demande beaucoup d'attention et de rigueur.

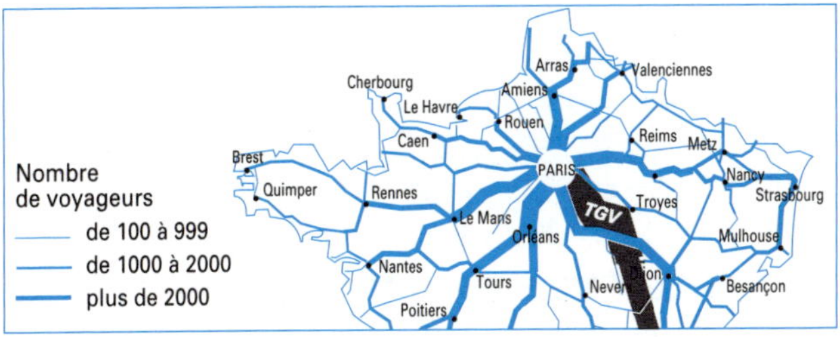

La flèche est la transcription visuelle du mouvement. Son dessin doit être particulièrement rigoureux pour suggérer le mouvement entre le point d'origine et le point d'arrivée.
La flèche comprend un corps qui montre l'itinéraire dont la largeur peut varier en fonction de la valeur du trafic, et une tête qui exprime le sens du déplacement.
Le dessin de l'un et de l'autre doit être tel que le poids visuel entraîne le regard dans le bon sens, que l'idée de mouvement soit suggérée sans ambiguïté.

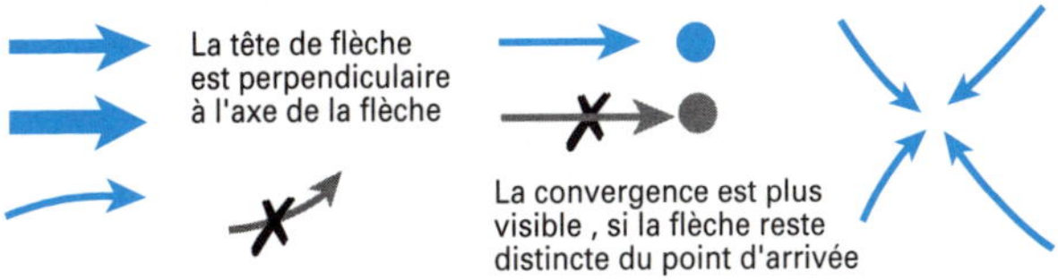

15. LOGICIELS DE CARTOGRAPHIE

On distingue trois grands types de logiciels de cartographie :

– les logiciels de cartographie automatique (**CAO***) traitent et réalisent la carte en utilisant des documents provenant d'une bibliothèque de fonds de carte et des données enregistrées dans un tableur ;

– les logiciels de dessin (**DAO***) ne permettent pas de traitement statistique mais assurent une très grande qualité de dessin (dessin vectoriel) et placent directement la réalisation cartographique dans la chaîne graphique de l'édition ;

– les systèmes d'information géographique (**SIG***) intègrent toutes les phases du traitement de l'information géographique. Ils ne sont qu'évoqués dans cet ouvrage.

Il existe des passages entre ces types de logiciels. Le logiciel Adobe Illustrator se trouve souvent au centre du processus d'élaboration.

I. LES LOGICIELS DE CARTOGRAPHIE AUTOMATIQUE

Ils permettent de réaliser principalement des cartes en plages et des cartes avec des figurés proportionnels.

A. Les cartes choroplèthes* (surfaces colorées ou niveaux de gris)

Elles sont la représentation courante d'une variable numérique (qualité relative, taux) dans des unités spatiales. Différentes méthodes de discrétisation sont proposées pour découper la série statistique en classes (→ **dossier 9**). Diverses gammes de couleurs assurent la visualisation de l'information.

Il faut être ici vigilant sur le choix de la méthode de discrétisation et tenir compte de l'étendue et de l'allure de la série statistique. Le choix de la progression des couleurs est aussi important. Pour une gamme ordonnée, il faut que la combinaison couleur + valeur traduise bien le caractère ordonné.

B. Les cartes en figurés proportionnels (cercles, carrés ou autres figurés)

Elles représentent des effectifs et des quantités absolues. La surface du figuré est proportionnelle à la valeur de la variable représentée (S = Q). Dans certains logiciels, l'utilisateur peut paramétrer le rapport entre la surface et la quantité (en réduction $S = \sqrt{Q}$ ou en extension $S = Q^2$). Dans ce cas, la légende doit clairement informer le lecteur. La plupart des logiciels gèrent le détourage des cercles en cas de chevauchement.

C. La combinaison des deux modes de représentation

Elle permet de réaliser des cartes en plages sur lesquelles se superposent des cercles proportionnels. Sur une même carte, peuvent ainsi figurer des quantités absolues représentées par des cercles et des taux de variation exprimés par des plages.

EXEMPLE DE CARTE RÉALISÉE DANS UN LOGICIEL DE CAO

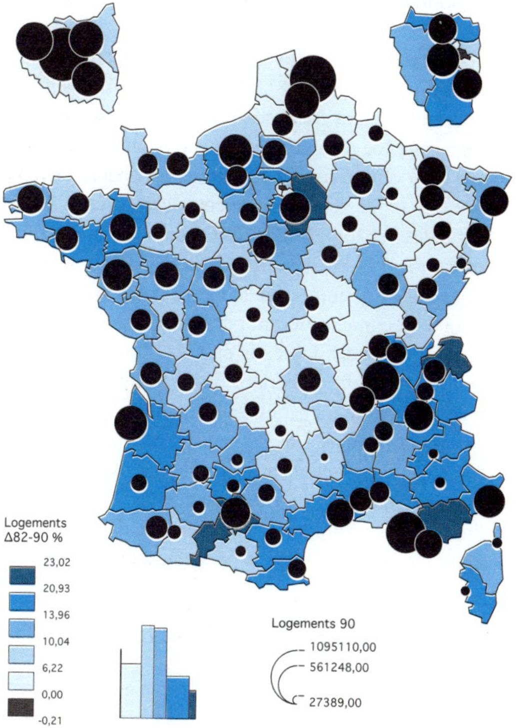

La combinaison peut se réaliser aussi en coloriant l'intérieur des cercles proportionnels.

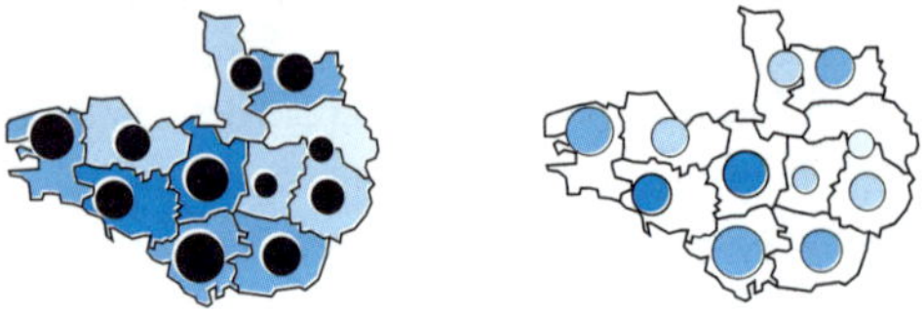

D. La réalisation de cartes de ce type est simple

Le **fond de carte** peut être pris dans une bibliothèque liée au logiciel ou créé en partant d'un fond scanné dans un logiciel de dessin vectoriel de type Adobe Illustrator, sans utiliser les courbes, mais seulement des points et des segments de droite. Dans les deux cas, la généralisation du tracé doit convenir au format de la réalisation (➔ **dossier 4**).

Les **données statistiques** peuvent être saisies dans le tableur du logiciel ou être importées d'un tableur de type Microsoft Excel.

Quand les fichiers « fond de carte » et « données statistiques » sont ouverts, des fenêtres de dialogue permettent à l'utilisateur de choisir le type de carte qu'il veut réaliser et de préciser les options de représentation graphique en terme de gamme de couleur et de taille de figuré.

Les points faibles des logiciels de CAO sont souvent l'habillage de la carte, notamment la présentation de la légende et le positionnement du titre et des écritures sur la carte. Il est aisé d'y remédier en travaillant le document produit par CAO dans le logiciel Adobe Illustrator. La plupart des logiciels en CAO proposent un enregistrement de format Adobe Illustrator ou de format EPS compatible.

La facilité de réalisation des cartes statistiques de ce type permet d'en produire un grand nombre. Ces documents pourront être considérés comme des étapes du traitement des données, dans une démarche d'exploration cartographique. Cette apparente facilité ne doit pas faire illusion. Finalement la pertinence, la qualité et la densité de l'information transmise par la carte, restent le préalable à toute communication.

II. LES LOGICIELS DE DESSIN

Les logiciels dits de cartographie assistée par ordinateur (CAO) permettent la réalisation de cartes statistiques. Les **cartes**

thématiques, plus complexes à construire, sont réalisées sur micro-ordinateur en utilisant des logiciels de dessin vectoriel, en partant de données géographiques variées qualitatives ou quantitatives.

Les deux logiciels de dessin les plus fréquemment utilisés par les cartographes sont **Illustrator** et **Free Hand**. Ces logiciels sont des **outils** performants qui après un apprentissage permettent un dessin d'une très grande qualité graphique et esthétique.

L'attention du cartographe se trouve libérée des exigences d'habilité que requiert l'exécution manuelle. Son savoir-faire se concentre sur la conception et la lisibilité de la représentation cartographique.

A. La préparation de la carte

Le fond de carte est dessiné sur calque. Les éléments sont sélectionnés en fonction du sujet traité (➔ **dossier 4**) et la généralisation des tracés accordée au format d'édition.

Toutes les indications nécessaires à la mise en place des figurés sont localisées : points, axes correspondants aux implantations linéaires, contours de zones.

Cette préparation est dessinée avec un soin tout particulier, en respectant une parfaite exactitude géographique. Les tracés sont fins et à peine différenciés. Si l'information à placer est dense, il faut la répartir sur deux calques dont la mise en superposition est guidée par des croix de repérage.

Ce canevas est photocopié. Il est travaillé avec des crayons de couleur pour hiérarchiser l'information et créer les plans de lecture de l'image.

La légende de la carte s'impose à ce stade. Elle se structure en plusieurs points. Les figurés correspondant aux différents phénomènes à représenter sur la carte sont choisis (➔ **dossier 14**).

Cette préparation sera le document de référence, lors du travail à l'écran. La réflexion sur l'aspect visuel, indépendamment de la finesse graphique, est essentielle. L'image de la carte prend forme et son message apparaît.

B. La réalisation à l'écran

La saisie du fond de carte original est la première opération.

Le fond de carte une fois scanné est enregistré dans un fichier de type image sous un format compatible avec le logiciel de dessin. Il est préférable de nommer les « scan » toujours de la même façon (SC/Reims…) pour les retrouver facilement parmi ses fichiers.

La vectorisation, ou numérisation*, s'effectue avec les outils de traçage du logiciel. Le dessin s'effectue à l'écran avec grand soin en suivant les tracés sur le document scanné et en se référant en permanence à la préparation manuelle du document originel.

L'allure des tracés conditionne la qualité du document final. Il ne faut pas multiplier les points d'ancrage, mais rechercher des lignes épurées et sobres qui suivent précisément l'image scannée.

Le fichier de dessin se structure en « calques » correspondant aux différents objets géographiques (hydrologie, contours des agglomérations, routes…). Cette gestion par calques séparés permet aisément de structurer et de hiérarchiser l'image en cours de constitution.

Lorsque tous les éléments sont vectorisés, on procède à la création des figurés, calque par calque. Des attributs de dessin sont affectés à chaque groupe d'éléments : des couleurs et des motifs pour le fonds, des couleurs, des épaisseurs, du continu et du discontinu pour les contours… L'image se travaille et se crée progressivement jusqu'à un rendu visuel satisfaisant.

L'habillage est l'ultime étape de la réalisation de la carte (→ **dossier 12**).

Une épreuve couleur est tirée sur imprimante, afin d'apprécier le rendu visuel du document qui diffère de la vision sur l'écran. Ce tirage permet de valider les choix graphiques, d'apprécier l'efficacité de l'image.

REIMS : AXES DE DÉVELOPPEMENT
ET ACTIVITÉS EN CROISSANCE

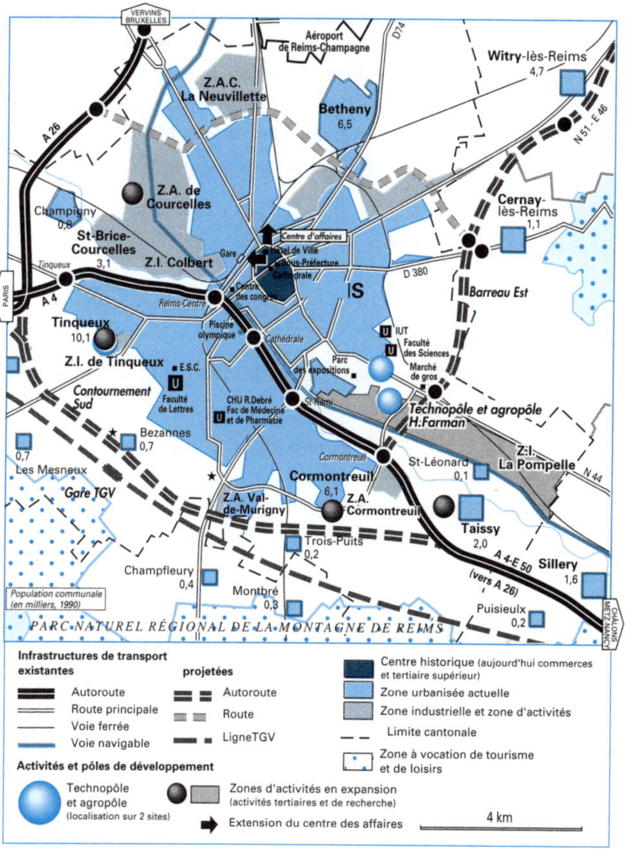

III. SÉLECTION DE QUELQUES LOGICIELS DE CARTOGRAPHIE

A. Les logiciels de CAO

Ces logiciels de cartographie de données statistiques, appelés parfois cartographeurs, sont accessibles aux étudiants lors de travaux dirigés.

– **CABRAL 1500®** (PC)

http//www.bondy.ird.fr/carto

– **PHILCARTO et PHILEXPLO®** (PC et Macintosh : Mac OS 8 et 9) téléchargeables gratuitement sur Internet.

http://perso.club-internet.fr/philgeo

L'ouvrage de Ph. Waniez, cité en bibliographie, correspond au manuel d'utilisation de ces logiciels en version Macintosh.

– **CARTES ET DONNÉES®** (PC et Macintosh)

http://www.articque.com

– **CARTES ET BASES®** (PC)

http://www.claritas.fr

B. Les logiciels de DAO

Ces logiciels sont de puissants outils de création et de production graphique de niveau professionnel.

– **ILLUSTRATOR®** (PC et Macintosh)

http://www.adobe.fr

– **FREEHAND®** (PC et Macintosh)

http://macromedia.com/fr

– **COREL DRAW®** (PC et Macintosh)

http://www.corel.fr

C. Les systèmes d'information géographique

Certains de ces logiciels sont accessibles aux étudiants dans le cadre des études universitaires.

– **SIG SAVANE®** (PC)

http://www.bondy.ird.fr/carto

– **GEOCONCEPT®** (PC)

http://www.geoconcept.com

– **MAPINFO®** (PC)

http://www.claritas.fr

– **ARCINFO et ARCVIEW®** (PC)

http://www.esrifrance.fr

IV. SÉLECTION DE SITES DE CARTOGRAPHIE SUR INTERNET

a. Sites spécialisés, riches et pédagogiques proposant des listes de liens

http://www.ign.fr

Le site de l'Institut Géographique National (arborescence détaillée et moteur de recherche)

http://seig.ensg.ign.fr

Serveur éducatif dédié à l'information géographique réalisé par l'IGN et le ministère de l'Éducation Nationale de la Recherche et de la Technologie.

http://www.bondy.ird.fr/carto

Présentation des travaux du Laboratoire de cartographie appliquée (LCA), de documents pédagogiques, de logiciels de CAO et SIG.

http://www.membres.lycos.fr/lecfc

Site du Comité Français de cartographie (art. de P. Thomas présentant une sélection de sites de géographie et de cartographie ➔ bibliographie)

http://www.univ-tlse 2.fr/geoprdc/bazarcarto

Site de l'atelier de cartographie du Département de géographie de l'Université de Toulouse-Le Mirail

http://www.cybergeo.presse.fr

Revue européenne de géographie : Cybergéo

b. Sites présentant des réalisations cartographiques de qualité et proposant des fonds de cartes à télécharger

http://www.monde-diplomatique.fr/cartes
http://www.sciences-po.fr/cartographie
http://www.mappemonde.mgm.fr (➔ **bibliographie**)
http://www.un.org.depts./cartographie

GLOSSAIRE

Anamorphose. Déformation d'une surface géographique par une donnée numérique (variation de taille en implantation zonale).

Atlas. Recueil ordonné de cartes, conçu pour représenter un espace donné et exposer un ou plusieurs thèmes (définition du Comité Français de Cartographie).

ACI. Association Cartographique Internationale. Le Comité Français de Cartographie (CFC) est l'instance française de l'ACI

CAO, Cartographie assistée par ordinateur. Technique cartographique fondée sur le traitement informatique des données, utilisant un ordinateur et généralement des périphériques spécialisés.

Carton. Carte de format réduit intégrée dans la carte principale représentant l'agrandissement d'une partie de cette carte ou sa réduction replacée dans un ensemble plus vaste.

Choroplèthe (carte). Représentation cartographique par plages (en couleurs et en niveaux de gris).

DAO, Dessin Assisté par Ordinateur. Dessin réalisé à l'écran en utilisant des logiciels spécialisés.

Discrétisation. Répartition des valeurs d'une série statistique en classes limitées par des bornes.

Échelle. Rapport d'une unité de distance mesurée sur la carte à sa valeur réelle sur le terrain.

Figuré. Elément graphique représentant une donnée ou un objet

Fond de carte. Canevas de carte comportant l'ensemble des contours et des localisations qui servent à situer et à visualiser l'objet de la carte.

Généralisation. Schématisation raisonnée du dessin des éléments constitutifs de la carte.

GPS (*Global Positionning System*) Système américain de positionnement par satellite de tout objet à la surface de la terre.

Image raster. Image formée de pixels rangés en lignes et en colonnes.

Image vecteur. Image constituée d'arcs, de noeuds et de liens.

Implantation. Localisation dans le plan de la carte d'un objet géographique (ponctuelle, linéaire ou zonale).

Isoligne. Ligne joignant des points d'égale valeur (isohyète, courbe de niveau...).

Isoplèthe (carte). Représentation cartographique par plages délimitées par des isolignes.

Langage graphique. Langage basé sur la perception visuelle pour transcrire toute information par une image.

Légende. Liste ordonnée et explication de tous les figurés existants sur la carte.

Mappemonde. Représentation cartographique du monde en deux hémisphères distincts.

Médiane. Valeur qui sépare l'effectif d'une distribution ordonnée en deux parts égales.

Numérisation. Étape du traitement infographique où chaque lieu est repéré par des coordonnées géoréférencées.

Pixel. Maille de la trame d'une image numérisée (contraction de picture element).

Planisphère. Représentation de la terre sur une carte unique

Préparation. Recherche, sélection et mise en place des éléments qui composent la carte.

Projection cartographique. Système de correspondance entre les points de la surface terrestre et le plan de la carte.

Quantile. Fraction d'une population répartie en classes ordonnées à effectifs constants : les quantiles les plus fréquents sont le quartile et le quintile (1/4 et 1/5 de l'effectif).

SIG, Système d'Information Géographique, (GIS, Geographical Information System). Système qui intègre une base de données géo-codées, un logiciel de traitement de cette information, et un logiciel de visualisation.

Trame. Structure constituée d'éléments graphiques simples, souvent peu perceptibles à l'oeil, couvrant des portions de surface de façon uniforme.

Variable visuelle. Moyen graphique pour transcrire les relations de différence, d'ordre ou de proportionalité des données.

BIBLIOGRAPHIE

Ouvrages

BÉGUIN M., PUMAIN D., 2003, *La représentation des données géographiques. Statistique et cartographie*, Paris, A. Colin, Collection Cursus, 192 p.

BERTIN J., 1999, *Sémiologie graphique. Les diagrammes, les réseaux, les cartes*, Paris, EHESS, (Mouton, Gauthier-Villars 1re édition 1967, 2e édition 1973, réimpression EHESS 1999).

BERTIN J., 1977, *La graphique et le traitement graphique de l'information*, Paris, Flammarion, 278 p.

BONIN S., 1975, *Initiation à la graphique*, Paris, L'Épi, 171 p.

BRUNET R., 1987, *La carte mode d'emploi*, Paris, Fayard-Reclus, 269 p.

BRUNET R., FERRAS R., THÉRY H., 1998. *Les Mots de la Géographie. Dictionnaire critique*. Reclus-La Documentation Française, 518 p.

DENÈGRE J., SALGE F., 1996, *Les systèmes d'information géographique*, Paris, PUF, Collection Que sais-je ?, 128 p.

POIDEVIN D., 1999, *La carte moyen d'action, conception-réalisation*, Paris, Ellipses, 200 p.

ROULEAU B., 2000, *Méthodes de la cartographie*, Paris, Presses du CNRS, 213 p.

THOMAS P. 2000, *La géographie et la cartographie sur Internet ; des sites à fréquenter*. Bulletin du Comité français de Cartographie. N° 166 Déc. 2000 et sur site Internet.

WANIEZ Ph., 1999, *La cartographie des données économiques et sociales sur Macintosh et PowerMacintosh*, Paris, L'Harmattan, 156 p.

ZANIN C., TRÉMÉLO M.-L., 2003. *Savoir faire une carte : aide à la conception et à la réalisation d'une carte thématique univariée.* Paris Belin 200 p.

Revues

IGN Magazine. Revue de l'Institut géographique national.

Le Monde des Cartes. Revue du Comité français de cartographie (anciennement Bulletin du CFC).

Mappemonde, revue électronique du GIP Reclus-Maison de la Géographie, http://www.mgm.fr/mappemonde

INDEX

Photocomposition : Nord Compo – Villeneuve-d'Ascq

Armand Colin
21, rue du Montparnasse
75006 Paris
N° d'éditeur : 10111479
- NC - D. L. : mars 2004

Imprimé en France
par EMD S.A.
53110 Lassay-les-Châteaux
N° dossier : 11716